U0897341

宁夏回族自治区财政资金支持地质资源勘探专项资助项目（710002-21501）
宁夏回族自治区自然科学基金项目（2021AAC03460）

NINGXIA LIUPANSHAN XILU NITANDI XIANZHUANG

宁夏六盘山西麓泥炭地现状

王　鹏　主编

陆爱国　李　蓓　副主编

黄河出版传媒集团
阳　光　出　版　社

图书在版编目（CIP）数据

宁夏六盘山西麓泥炭地现状 / 王鹏主编. -- 银川: 阳光出版社, 2022.11
ISBN 978-7-5525-6603-1

Ⅰ. ①宁… Ⅱ. ①王… Ⅲ. ①六盘山 - 泥炭沼泽 Ⅳ. ①P941.78

中国版本图书馆 CIP 数据核字(2022)第 220523 号

宁夏六盘山西麓泥炭地现状　　王　鹏　主编

责任编辑　申　佳
封面设计　赵　倩
责任印制　岳建宁

黄河出版传媒集团 阳光出版社 出版发行

出 版 人　薛文斌
地　　址　宁夏银川市北京东路 139 号出版大厦（750001）
网　　址　http://www.ygchbs.com
网上书店　http://shop129132959.taobao.com
电子信箱　yangguangchubanshe@163.com
邮购电话　0951-5047283
经　　销　全国新华书店
印刷装订　宁夏凤鸣彩印广告有限公司
印刷委托书号　（宁）0024953

开　　本　880 mm × 1230 mm　1/32
印　　张　6
字　　数　110 千字
版　　次　2022 年 11 月第 1 版
印　　次　2022 年 11 月第 1 次印刷
书　　号　ISBN 978-7-5525-6603-1
定　　价　46.00 元

前　言

泥炭是在泥炭沼泽中形成和积累的重要矿产资源，是沼泽植物遗体转变成的具有多组分、多级分、半胶体特性的高分子复杂亲水体系。泥炭的有机质、腐殖酸含量高，纤维含量丰富，疏松多孔，通气透水性好，比表面积大，吸附螯合能力强，有较强的离子交换能力和盐分平衡控制能力。泥炭腐殖酸的自由基属于半醌结构，既能氧化为醌，又能还原为酚，在生物体的氧化还原作用中起着重要作用，具有较高的生物活性和生理刺激作用，因此在工业、农业、医药、环保等领域应用十分广泛，是我国少有的具有重要价值但却未得到合理利用的有机矿产资源。

泥炭地是蕴藏泥炭的地段。泥炭地拥有多种多样的自然资源，是人类生产生活的物质来源，是重要的湿地类型，是生态系统的重要组成部分。其固碳作用能够有效遏制温室气体的排放，有效缓解气候变暖的趋势，同时具有极强的污染降解能力，强大的保水、蓄水功能以及保持生物多样性等生态功能，已被列为湿地保护的重点目标。

在全国沼泽泥炭的综合考察中，孙广友等对青藏高原地区的沼泽泥炭类型、环境和资源等进行了系统调查，并对泥炭沉积的年代进行了初步研究。泥炭主要由植物残体、腐殖质和矿物组成，是植物残体在无氧环境状态下沉积而成的（柴岫，1990）。泥炭沼泽的形成和发育主要受控于土壤的水分和温度，不同的水热组合影响并最终决定了植物生物量的增长和分解，而土壤的水分和热量主要取决于区域气候条件，地形、水文等因素次之。由于我国分布面积大，自然和地理条件复杂多样，中国泥炭的分布没有表现出明显的地带规律性（柴岫，1990）。高原由于其独特的气候和地理条件，发育了大量泥炭，成为中国泥炭主要的分布区。泥炭作为湿地的重要组成部分，共约 10 436 km^2，占全国湿地的 1.09%，其中高原泥炭约占全国泥炭总面积的 80%（尹善春等，1991）。我国泥炭分布的主要区域为青藏高原东北缘若尔盖盆地、东北地区大兴安岭北部的苔原和小兴安岭的山地丘陵地区、云贵高原、三江平原、长江中下游平原地区以及长白山地区。此外，大兴安岭的中部山地、冀北山地、松辽平原等地区也有丰富的泥炭发育（尹善春等，1991 ）。国内有关泥炭地的研究大都以雨养泥炭沼泽为主，宁夏六盘山地区泥炭沼泽以山前地下水出露为水源补给，形成机理及沉积环境有别于雨养泥炭沼泽，更具研究价值。

目前，宁夏回族自治区政府及相关单位对六盘山地区泥炭地暂无整体了解，对泥炭地的生态功能也无具体认识。当地居民为了扩大农作物种植范围，将多处泥炭地挖沟引渠排水、开荒耕种，使泥炭地沼泽湿地面积逐年下降。如此盲目地进行泥炭地开荒耕种，不但会造成泥炭地湿地功能破坏，成为碳排放源头，而且极易因放火或人类活动酿成火灾，造成资源的无谓浪费及环境污染。因此，科学地认识和研究泥炭地，对湿地保护及防灾、减碳具有重要意义。

本书以目标区泥炭地调查评价为主线，采用资料收集、调查走访、钻探、采样测试、水文观测、遥感解译等方法，全面了解研究区区域背景，多学科交叉详细分析了宁夏六盘山西麓泥炭地泥炭层空间分布、结构、物化性质、地表植被发育等情况及变化规律，估算泥炭地泥炭资源量。在分析泥炭地水文情势指数、泥炭化扰动指数和植被覆盖指数的基础上，进行泥炭地现状评价，提出不同类型泥炭地、泥炭沼泽湿地保护方向，为六盘山生态功能区建设、宁夏湿地保有量任务、“三山一河规划”及“双碳”目标提供六盘山沼泽湿地的基础数据。

第一章 调查区概况

第一节 位置及交通

调查区位于宁夏回族自治区南部六盘山西麓，行政区划隶属于固原市隆德县及原州区。北至张易镇，东部以六盘山主山脉为界，南至奠安乡，西到凤岭乡。本书的重点调查区域为张易镇、观庄乡、峰台乡、陈靳乡、奠安乡、凤岭乡及山河乡（图 1-1-1）。调查区内有 S101、S202 省道，G312、G22 国道 4 条公路。

第二节 地形地貌及气候

调查区地处黄土高原西部，系祁连山地槽与华北地台的过渡带。境内群山绵亘，峰峦叠嶂，沟壑纵横，山势错落。地形东高西低，十山九沟，六盘山东峙，7 条河西流，形成谷地，丘陵插嵌众河之间。最高海拔美高山 2 942 m，大部分区域在

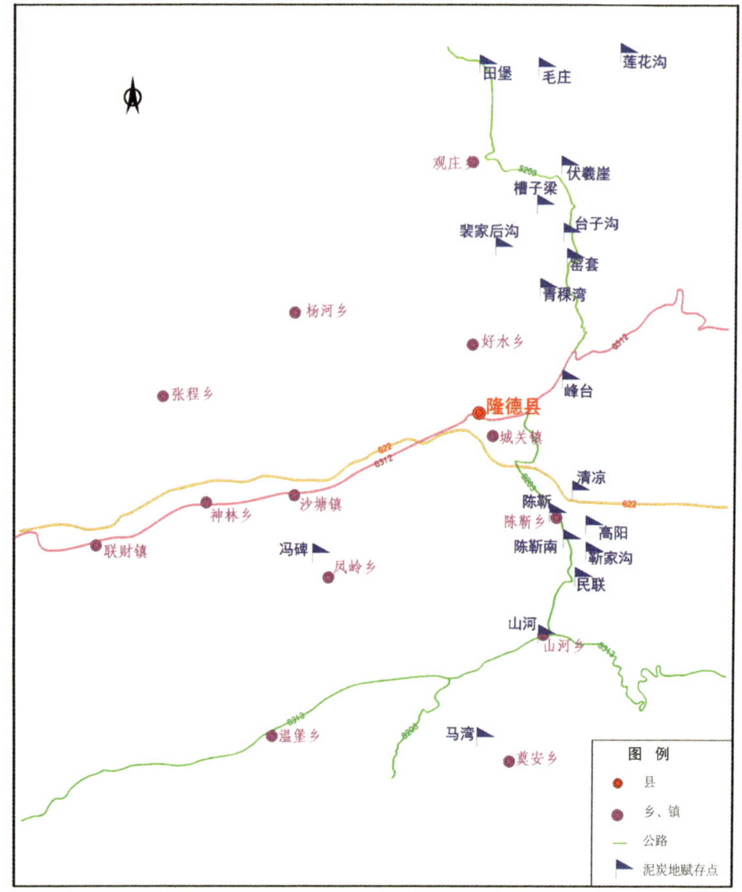

图 1-1-1　调查区位置及交通图

1 900~2 500 m。地貌类型分为黄土丘陵沟壑区（占 55.70%）、阴湿土石山区（占 33.26%）、河谷川道区（占 11.04%）。除六盘山外，散处于调查区较为有名的山脉是凤太山、牡丹山、峰台梁、清凉山、北象山、蟠龙山等。有沟道 138 条，山峰 115 座，峡谷 5 条，湾 296 个，滩 15 个，梁 104 个。

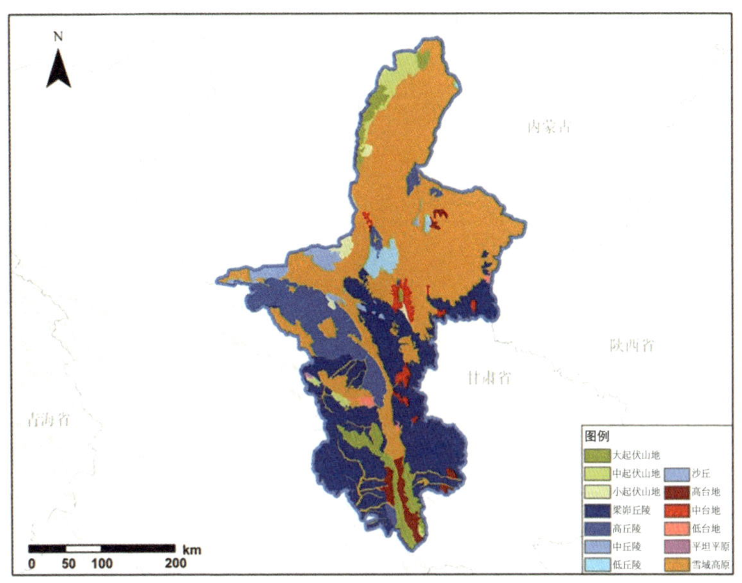

图 1-2-1 宁夏地貌类型分布示意图（地理国情监测云平台）

调查区气候属中温带季风区半湿润向半干旱过渡性气候，春低温少雨，夏短暂多雹，秋阴涝霜早，冬严寒绵长，素有“溽暑有风还透骨，芳春积雪不开花”之说。据隆德气象站1981—2019 年气象统计资料，累年各月平均气温−7.6~17.3℃，为宁夏最低气温。1 月份最低，极值为−27.3℃；7 月份最高，极值为 32.4℃。年平均日照时数 2 303.5 h，无霜期 125 d，最少 94 d。年均降水量 766.0 mm，累年各月最大日降水量 10.6~220.8 mm，多集中在夏秋两季，7、8 月为降水集中期。灾害性天气主要有大风、干旱、冰雹、霜冻等。河谷川道农牧区属湿润干旱过渡地带，气候温暖干燥，黄土丘陵农林区半干燥温热。

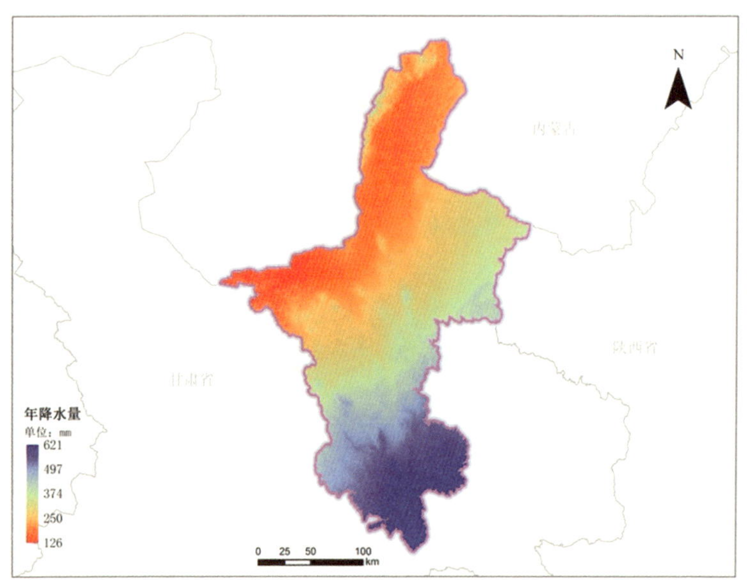

图 1-2-2　宁夏多年降雨量空间分布示意图（地理国情监测云平台）

第三节　地质概况

根据《中国区域地质志·宁夏志》综合地质区划成果，调查区属华北—柴达木地层大区、祁连地层分区、北祁连地层分区、靖远—西吉地层小区（III_2^{1-1}），北东与阿拉善地层区阿拉善南缘地层分区为邻，向南、向西均延伸至甘肃省境内。

区内发育早白垩世内陆湖泊相沉积，这就是广泛分布的六盘山群，其沉积特征与鄂尔多斯盆地保安群相近，古生物组合与热河动物群相似。晚期燕山运动使区内隆起，导致晚白垩世和古新世沉积缺失。始新世至中新世，气候或暖湿或干热，内陆盆地中沉积了河湖相红色碎屑岩及膏岩。第四纪以来，主要有洪积相、河湖相沉积和风成黄土堆积。

调查区东部有白垩系基岩出露，中部和西部被广泛的第四系风积砂或古近系紫红色粘土覆盖。钻孔揭露的基岩地层有寒武系、白垩系、古近系、第四系。

白垩系：下部为灰白色泥岩，棕、灰黑色油页岩，泥灰岩，钙质细砂岩互层。在清凉寺一带出露厚度约 30 m，向北逐渐变厚，黄家峡一带厚约 90 m，再往北至大庄后曲沟一带又变薄至约 40 m，向南山河镇以南只有本地层出露，为隆德向斜西翼，厚度为 82 m，越往南越薄，岩性变粗。中部为紫红、灰绿色泥岩，砂岩互层，山河镇一带厚 209.0 m，黄家峡一带厚 192.0 m，至后曲沟一带则为 113 m。上部为灰绿色、灰色泥岩，钙质砂岩、泥灰岩、鲕状泥灰岩互层，含小砾石、动物碎屑，在山河一带厚 33 m，黄家峡一带厚 85 m，后曲沟一带厚 114 m，与上覆第三系地层呈不整合接触。

古近系：不整合于白垩系或更老地层之上，主要出露于六盘山东西两侧，与上覆清水营组呈整合接触。岩性以砖红、棕红色砾岩，砂砾岩，含砾砂岩，砂岩为主，夹少量泥质粉砂岩、粉砂质泥岩透镜体，属山麓相—辫状河流相沉积。

第四系：由泥炭及砂、粉砂、粘土、亚粘土等岩土层组成，固结程度低。地层特征根据泥炭赋存状态，可分为含表露（裸露）泥炭地层和含埋藏泥炭地层两种。前者由泥炭层及其下部沉积物组成；后者由泥炭层及其上、下部沉积物组成，厚度 5~25 m。

调查区泥炭层赋存于第四系地层中，山间洼地及山前坡地形成的地下水排泄区为泥炭地的形成提供了有利条件。

第二章　调查方法

第一节　工作方法及技术路线

本书依据以往地质资料、相关文献，通过走访调查，初步确定调查区泥炭地可能分布点，开展实地踏勘和初探，初步圈定泥炭地范围边界。在初步圈定的泥炭地范围内采用潜孔钻探，确定边界范围，观测地下水水位。重点区域开展取样测试，查明泥炭分布范围、面积、厚度、层数及泥炭物化性质变化规律，估算泥炭资源量。根据钻孔揭露地下水水位数据及地形地貌特征，进行泥炭地水文地质特征调查分析，结合区域水文气象资料计算泥炭地水文情势指数。同时对泥炭地扰动情况及泥炭地植被发育情况进行调查统计，计算泥炭化扰动指数和植被覆盖指数。综合以上调查分析结果进行泥炭地现状评价，并研究泥炭地水源涵养、碳汇功能。根据泥炭地现状评价结果，提出不同类型泥炭地、泥炭沼泽湿地保护方向。

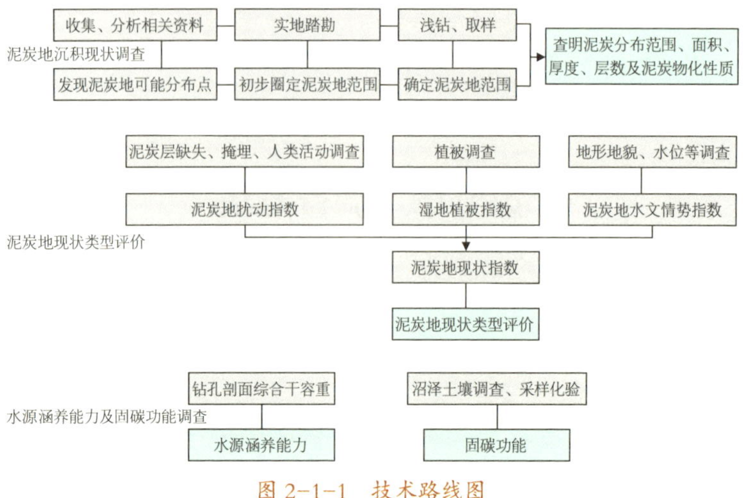

图 2-1-1　技术路线图

第二节　作业依据

根据上述任务目标及技术路线，需采用的主要工作标准如下：

（1）《全国湿地资源调查与检测技术规程（试行）》（林湿发〔2008〕265 号）

（2）《生态地质调查技术要求（1∶50 000）（试行）》（DD 2019-09）

（3）《泥炭地状态评价规范》（DB22/T 2037-2014）

（4）《水文水井地质钻探规程》（DZ/T 0148）

（5）《煤层煤样采取方法》（GB/T 482-2008）

（6）《地质矿产实验室测试质量管理规范》（DZ/T 0130-

2006）

（7）《煤质分析试验方法一般规定》（GB/T 483-87）

（8）《全球定位系统实时动态测量（RTK）技术规范》（CH/T 2009-2010）

（9）《地质矿产勘查测量规范》（GB/T 18341-2021）

（10）《工程测量标准》（GB50026-2020）

（11）《国家基本比例尺地图图式第一部分：1∶500 1∶1 000 1∶2 000 地形图图式》（GB/T 2057.1-2017）

（12）《数字测绘成果质量检查与验收》（GB/T 18316-2008）

（13）项目设计书

第三节 泥炭分布及沉积结构

通过前期踏勘及走访调查，对可能赋存泥炭的 19 个区域进行了详细调查及取样。高阳由于无沉积稳定泥炭层，未进行其他调查评价工作。对已严重退化的冯碑、马湾泥炭地进行测年取样，全域人为复垦的峰台只进行了泥炭物化性质取样测试。其余 15 个区域的 20 块泥炭地进行了设计的全部调查评价工作。

钻探施工主要依据泥炭地微地貌特征、植被发育特征，选取坡面倾向或平面分布较长的方位布设勘探线，以 50 m 左右为孔间距进行浅钻施工。宽度较大的区域以 50 m 为间距布设勘探线，宽度较窄的区域根据钻孔揭露情况，均匀布置 1~2 条剖面调查线，线距根据实际宽度灵活调整。地形极不规则的，根据泥炭地分布形态灵活布置调查孔。

本书基本查明了泥炭地分布范围、面积、泥炭沉积厚度、沉积序列等，绘制了泥炭地 1：2 000 地形图，圈定了泥炭地发育范围。对各区块分布范围、地貌、沉积序列进行分析，对个别区块泥炭层不连续区块进行了分割，各区块稳定泥炭层 1~3 层，厚度 0~2.7 m。

第四节　泥炭物化性质

泥炭物化性质测试项目包括颜色、自然含水量、吸湿水、干容量、纤维含量、pH（水浸、盐浸）、全硫、发热量、粗灰分、有机质、总腐殖酸、全氮、全磷、全钾硫成分、灰成分（Si、A1、Fe、Ca、Mg、K、Na 等的氧化物）、元素组成（C、H、N、O、S）分析。此外，还选择少量剖面采样进行孢粉鉴定，对泥炭发育年份进行 ^{14}C 年代测定。

采取各类样品 217 个，送样化验 143（+25 备用样品）个。其中，^{14}C 测年样 31 个、孢粉样 29 个、干容重样 24 个、孔隙率样品 34 个、泥炭物化性质样 25 个。

第五节　泥炭地状态评价

一、扰动化系数

以对泥炭形成层扰动程度表征泥炭化过程的强弱或泥炭化过程存在与否，评价泥炭地健康状态。参考《泥炭地状态评价规范》中的指标设置，选取泥炭化层缺失、泥沙掩埋、人类活动 3 个指标进行泥炭化扰动指数计算，对泥炭化层缺失、泥沙掩埋、人类活动 3 个指标分别赋予 0.6、0.1、0.3 的权重值，在人类活动指标中的开沟排水、放牧、开采活动 3 个次级指标，根据其影响分别赋予 0.5、0.3、0.2 的分权重值。泥炭化扰动指数构成及分权重见表 2-5-1。

表 2-5-1　泥炭化扰动指数构成与分权重

项目	泥炭化层缺失	泥沙掩埋	人类活动		
权重	0.6	0.1	0.3		
扰动类型			开沟排水	放牧	开采活动
分权重			0.5	0.3	0.2

泥炭化扰动指数计算公式：

$$D=A\times\left\{0.6\times\left(1-\frac{L}{T}\right)+0.1\times\left(1-\frac{S}{T}\right)+0.3\times\left[0.5\times\left(1-\frac{H_1}{T}\right)+0.3\times\left(1-\frac{H_2}{T}\right)+0.2\times\left(1-\frac{H_3}{T}\right)\right]\right\}$$

公式 2-5-1

式中，D 为泥炭化扰动指数；L 为泥炭化层缺失面积，m^2；S 为泥沙掩埋面积，m^2；H_1、H_2、H_3 分别为开沟排水、放牧、开采活动影响面积，m^2；T 为泥炭地总面积，m^2；A 为泥炭化扰动指数的归一化系数，统一定义为 100。

二、植被覆盖指数和权重

植被对其生长环境的水分状态反应极为敏感。水生植被、沼泽植被、湿地植被、中生植被和旱生植被代表不同的水分状况，是表征泥炭地现状的重要指标。在泥炭地中，水生植被、沼泽植被和湿地植被占比越高，湿地的健康状态越好，退化程度越低，因此分别赋予 0.3、0.3、0.2 的权重值。而出现中生植被和旱生植被，则表明泥炭地已经退化到旱地程度，所以表征湿地健康状况的权重值只能赋予 0.1。湿地植被指数的分权重见表 2-5-2。

表 2-5-2　湿地植被指数的分权重

植被类型	水生植物群落	沼生植物群落	湿生植物群落	中生植物群落	旱生植物群落
分权重	0.3	0.3	0.2	0.1	0.1

湿地植被指数计算公式：

$$V=\frac{A\times（0.3\times Q+0.3\times M+0.2\times W+0.1\times D）}{T}$$ 公式 2-5-2

式中，V 为湿地植被指数；Q 为水生植被面积，m^2；M

为沼生植被面积，m^2；W 为湿生植被面积，m^2；D 为旱生植被面积，m^2；T 为泥炭地总面积，m^2；A 为植被覆盖度指数的归一化系数，定义为 $A=\frac{1}{0.3}\times100$。

三、泥炭地水文情势指数

泥炭地水文情势指数选用排水去路、淹水历时、水位深度 3 个表征指标，分别赋予 0.4、0.3、0.3 的权重值。

其中，排水去路选取矿体表层和边缘无侵蚀面积（D1），切沟深与长度均达面积一半（D2），切沟深达基底、纵贯矿床面积（D3）3 个次级指标，分别赋予 0.6、0.3、0.1 的权重值。淹水历时选用夏季 3 个月以上淹水面积（P1）、夏季 1 个月以上淹水面积（P2）、夏季不淹水面积（P3）3 个次级指标，分别赋予 0.6、0.3、0.1 的权重值。水位深度选用地表积水大于 2 cm 面积（S1）、地表积水 0~2 cm 面积（S2）、无地表积水面积（S3）3 个次级指标，分别赋予 0.6、0.3、0.1 的权重值。泥炭地水文情势权重见表 2-5-3。

湿地水文情势指数计算公式：

$$W=A\times\left[0.4\times\left(0.6\times\frac{D_1}{T}+0.3\times\frac{D_2}{T}+0.1\times\frac{D_3}{T}\right)+0.3\times\left(0.6\times\frac{P_1}{T}+0.3\times\frac{P_2}{T}+0.1\times\frac{P_3}{T}\right)+0.3\times\left(0.6\times\frac{S_1}{T}+0.3\times\frac{S_2}{T}+0.1\times\frac{S_3}{T}\right)\right]$$

公式 2-5-3

式中，W 为湿地水文情势指数；D 为排水去路影响面积，

表 2-5-3　泥炭地水文情势权重

项目	排水去路			淹水历时			水位深度		
权重	0.4			0.3			0.3		
结构类型	矿体表层和边缘无侵蚀面积（D1）	切沟深与长度均达面积一半（D2）	切沟深达基底，纵贯矿床面积（D3）	夏季 3 个月以上淹水面积（P1）	夏季 1 个月以上淹水面积（P2）	夏季不淹水面积（P3）	地表积水大于 2 cm 面积（S1）	地表积水 0~2 cm 面积（S2）	无地表积水面积（S3）
分权重	0.6	0.3	0.1	0.6	0.3	0.1	0.6	0.3	0.1

m^2；P 为淹水历时影响面积，m^2；S 为淹水深度影响面积，m^2；T 为泥炭地总面积，m^2；A 为湿地水文情势指数的归一化系数，定义为 $A=\frac{1}{0.6}\times100$。

四、泥炭地现状指数

根据泥炭化扰动指数（D）、湿地植被覆盖指数（V）和湿地水文情势指数（W）3 个评价指标，对泥炭地现状的贡献程度赋予不同的权重。将 3 个指标与其权重乘积相加后，即可获得泥炭地现状指数。

表 2-5-4　泥炭地现状评价指数与权重

指标	泥炭化扰动指数 D	湿地植被覆盖指数 V	湿地水文指数 W
权重	*0.2*	*0.5*	*0.3*

泥炭地现状指数计算公式：

$$PSI=0.2\times D+0.5\times V+0.3\times W \quad \text{公式 2-5-4}$$

式中，*PSI* 为泥炭地现状指数；*D* 为泥炭化扰动指数；*V* 为湿地植被覆盖指数；*W* 为湿地水文指数。

五、泥炭地现状类型及保护建议

根据泥炭地现状指数计算结果（*PSI*），对照表 2-5-5，将泥炭地现状类型划分为 5 种，即健康泥炭地、亚健康泥炭地、轻度退化泥炭地、中度退化泥炭地和重度退化泥炭地。根据泥炭地现状类型划分结果，结合自然地理、生态环境条件及当地人类活动工程等，提出不同现状类型泥炭地的保护建议。

表 2-5-5 泥炭地现状评价指数与权重

类型名称	泥炭地现状指数
健康泥炭地	$PSI\geqslant 75$
亚健康泥炭地	$55\leqslant PSI<75$
轻度退化泥炭地	$35\leqslant PSI<55$
中度退化泥炭地	$20\leqslant PSI<35$
重度退化泥炭地	$PSI<20$

第六节　水源涵养及碳汇功能

一、水源涵养能力

水源涵养能力是泥炭沼泽的重要价值之一。泥炭沼泽具有巨大的渗透能力和蓄水能力，是巨大的生物蓄水库。它能保持大于其土壤本身重量 3~9 倍甚至更高的需水量，能在短时间内蓄积水源，然后用较长的时间将水排出。

泥炭地沉积层的蓄水能力可根据不同层位的孔隙度等参数进行计算。但沉积序列复杂、变化较大的泥炭地，层位对比困难，现只计算全域发育厚度大于 0.1 m 的泥炭层。计算结果不包括泥炭地沉积泥沙层的涵养水源，即计算结果为该区域泥炭层涵养水源量，小于泥炭地水源涵养总量。

泥炭层蓄水能力计算公式：

$$W=P\times a\times c\times d \qquad \text{公式 2-6-1}$$

式中，W 为泥炭层蓄水能力，t；a 为泥炭层面积，m^2；c 为泥炭层厚度，m；P 为泥炭层孔隙度，%；d 为水密度，t/m^3。

二、永久固碳功能

湿地由于其自身的特点，在植物生长、促淤造陆等生态过程中累积了大量的有机碳和无机碳（段晓男，2008），加上湿地土壤水分过饱和状态，具有厌氧的生态特征，因此土壤微生物以厌氧菌类为主，活动相对较弱，湿地累积的碳每年大量堆积而得不到充分分解，逐年累月形成了富含有机质的湿地土壤，因此具有较高的固碳潜力。

湿地沼泽固碳包括 3 部分内容：土壤固碳、植物地上部分固碳和植物地下部分固碳，其中植物地上部分固碳及植物地下部分固碳在短时期内的固碳量较为可观，但最终会以多种形式再次分解或转化为土壤中的永久固碳。在此只分析泥炭层的永久固碳量，不包括其他类型沼泽土壤的固碳量。

沼泽土壤碳储量计算公式（Richard T，2001）：

$$M=A\times c\times d\times p \qquad \text{公式 2-6-2}$$

式中，M 为沼泽土壤碳储量，t；A 为调查区不同沼泽土壤类型（泥炭土、草甸沼泽土、泥炭沼泽土、泥炭腐殖质沼泽土）的面积，m^2；c 为土壤有机碳含量，%；d 为土层厚度，m；p 为土壤容重，t/m^3。

第三章　泥炭地现状调查及评价

根据以往研究资料，结合走访调查、踏勘成果，确定了区域内所有泥炭地分布情况。对泥炭地位置坐标进行了测量，并根据坐标，在卫星影像图及隆德县地图上进行了标定。

设计阶段预计基本泥炭地调查区 15 个，通过现场调查、地貌分析、钻探等调查工作，最终确定的具有研究意义的泥炭地为18 个区域的 23 个区块，总面积 58 hm^2。泥炭地分布从北到南所在行政区依次为固原市原州区张易镇、隆德县观庄乡、隆德县城关镇、隆德县陈靳乡、隆德县山河乡、隆德县奠安乡。各调查点基本沿六盘山主山脉西侧呈条带型点状分布。

表 3-1　泥炭地调查点所属行政区一览表

序号	区块	所属行政区
1	田堡	原州区
2	毛庄	原州区
3	莲花沟	原州区
4	伏羲崖	隆德县观庄乡

续表

序号	区块	所属行政区
5	槽子梁	隆德县观庄乡
6	裴家后沟	隆德县观庄乡
7	姚套	隆德县观庄乡
8	青稞湾	隆德县观庄乡
9	台子沟	隆德县观庄乡
10	峰台	隆德县城关镇
11	清凉	隆德县陈靳乡
12	陈靳	隆德县陈靳乡
13	陈靳南	隆德县陈靳乡
14	靳家沟	隆德县陈靳乡
15	民联	隆德县陈靳乡
16	山河	隆德县山河乡
17	冯碑	隆德县奠安乡
18	马庄	隆德县奠安乡

一、田堡

田堡泥炭地为较平坦的山前洼地，发育植被主要有 14 种，区域代表性的植物是旋覆花、疗齿草、益母草、小花灯心草、地榆、夏至草等。

图 3-1-1　田堡泥炭地地貌

图 3-1-2　东部水生植物群落

东部为常年积水沼泽地，丰水期积水深度 1.0~1.5 m，据调查为早年泥炭开采遗留地貌。

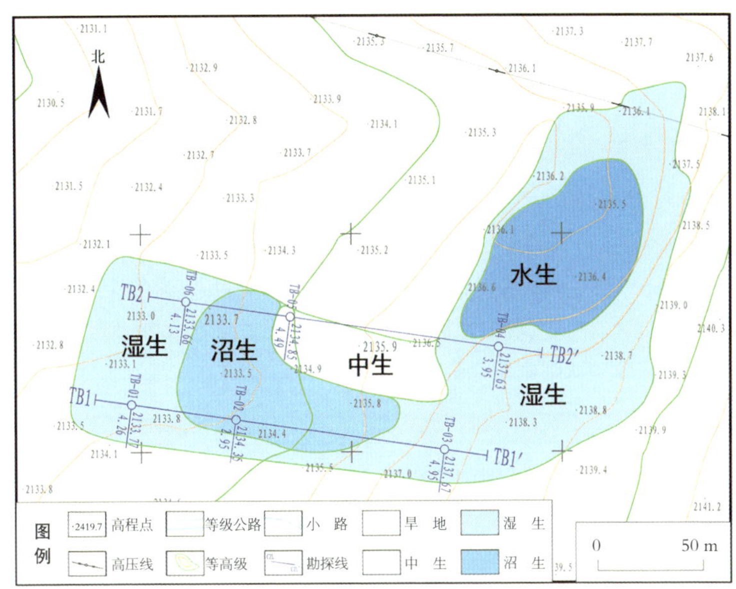

图 3-1-3　田堡泥炭地平面图

（一）泥炭地沉积调查

田堡泥炭地总面积 26 982 m²，施工钻孔 6 个，见泥炭层 7 层（图 3-1-4），地层编号为 3、4-2、4-4、5、7、11、13 号，其中较稳定的泥炭层有 3 层：3、5、11 号。

3 号泥炭层全区分布，厚度 0.02~0.53 m，平均 0.26 m，厚度大于 0.50 m 的钻孔有 2 个，北部厚、南部薄（图 3-1-5），埋深 0.40~1.62 m。

5 号泥炭层全区大部分布，厚度 0~0.04 m，平均 0.02 m，

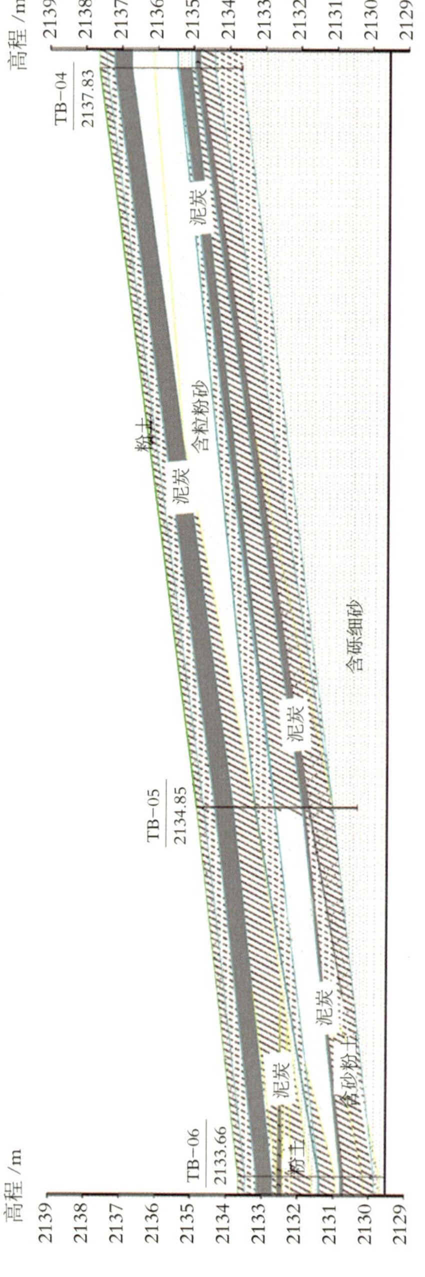

图 3-1-4　田堡 2-2’ 勘探线剖面图

表 3-1-1　泥炭沉积特征表

区块	泥炭地面积/m^2	主要泥炭层数	钻孔数/个	厚度/m			资源量/m^3
				第一层	第二层	第三层	
田堡	26 983	3	6	$\frac{0.02 \sim 0.53}{0.26}$	$\frac{0 \sim 0.04}{0.02}$	$\frac{0 \sim 0.15}{0.06}$	9 024

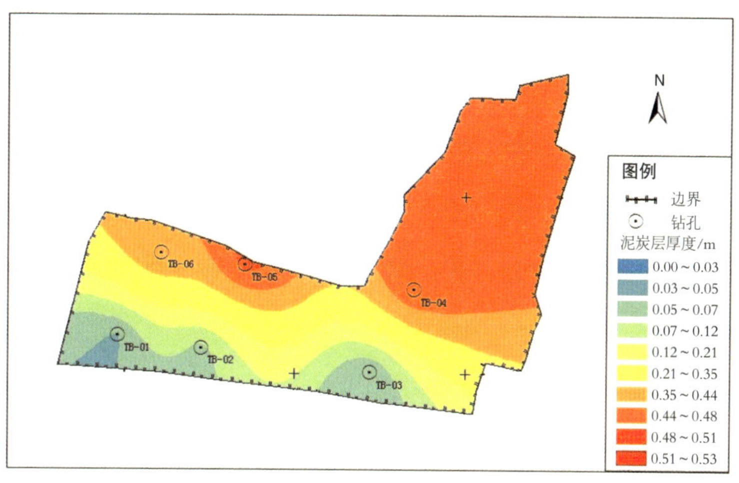

图 3-1-5　田堡 3 号泥炭层厚度等值线图

厚度均小于 0.1 m。北部厚、南部薄，埋深 1.57~2.24 m。

11 号泥炭层全区大部分布，厚度 0~0.15 m，平均 0.06 m，厚度均小于 0.2 m。北部厚、南部薄，埋深 2.65~2.98 m。根据 ^{14}C 年代测定结果，该泥炭层形成于 8 880±30 yr BP。

3 号泥炭层颜色呈棕黄色，质轻，无光泽，结构呈纤维状，夹植物残屑。自然含水量 38.8%，吸湿水 5.13%，干容重 1.18 g/cm^3，纤维含量 19.00%，真密度 2.50，水浸 pH 7.95，盐浸 pH 7.71，酸碱度呈微碱性反应。粗灰分含量 89.53%，占比较高。有机质含量较低，为 9.93%。腐殖酸含量相对较低，为 0.80%。泥炭干燥基高位发热量（$Q_{gr,d}$）1.87 MJ/kg，干燥基低位发热量（$Q_{net,d}$）1.74 MJ/kg。全硫含量 0.65%，全氮含量 0.40%，全磷含量 0.056%，全钾含量 1.15%。从各钻孔样品外观看，中东部样品泥质含量普遍略高于测试样品，且分布不均，区域内变化较大。

（二）泥炭地现状评价

1. 泥炭化扰动指数

泥炭地面积 26 982 m²，其中泥炭化层缺失主要是植被退化导致，面积 2 158 m²，占比 8%。人类开采活动影响主要集中在东北部，泥炭层缺失，大面积积水，植被逐渐恢复，面积 4 587 m²，占比 17%。无泥沙掩埋、开沟排水、放牧等扰动因素影响。综合计算扰动化指数 94.18（表 3-1-2）。

2. 湿地植被指数

经调查，水生植物群落面积 4 546 m²，占比 17%；沼生植

表 3-1-2　田堡泥炭化扰动指数计算表

项目	泥炭化层缺失	泥沙掩埋	人类活动			扰动化指数
权重	0.6	0.1	0.3			
扰动类型			开沟排水	放牧	开采活动	
分权重			0.5	0.3	0.2	
田堡	2 158	0.00	0.00	0.00	4 587	94.18

表 3-1-3　田堡湿地植被指数计算表

植被类型	水生植物群落	沼生植物群落	湿生植物群落	中生植物群落	旱生植物群落	湿地植被指数
类型权重	0.3	0.3	0.2	0.1	0.1	
田堡	4 546	4 309	15 961	2 165	0.00	74.93

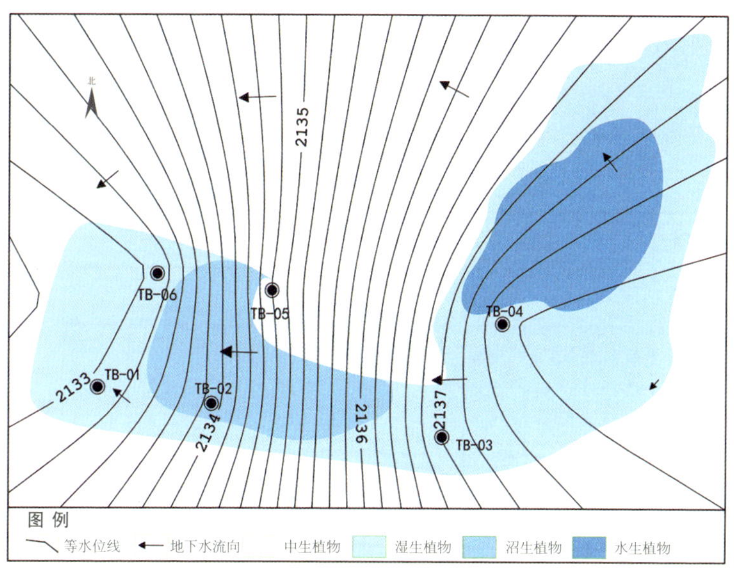

图 3-1-6　田堡泥炭地地下水流场图

物群落面积 4 309 m²，占比 16%；湿生植物群落面积 15 961 m²，占比 59%；中生植物群落面积 2 165 m²，占比 8%；无旱生植物群落。综合计算湿地植被指数 74.93。

3. 水文情势指数

泥炭地面积 26 982 m²，排水去路指标，矿体表层和边缘无侵蚀面积 26 982 m²，占比 100%；无切沟深与长度均达面积一半，切沟深达基底、纵贯矿床面积影响。淹水历时指标，夏季 3 个月以上淹水面积 5 396 m²，占比 20%；夏季 1 个月以上淹水面积 3 507 m²，占比 13%；夏季不淹水面积 18 078 m²，占比 67%。水位深度指标，丰水期地表积水大于 2 cm 面积 4 587 m²，占比 13%；丰水期地表积水 0~2 cm 面积 4 317 m²，占比 16%；丰水期地表无积水面积 18 078 m²，占比 67%。综合计算水文情势指数 62.15。

表 3-1-4 田堡水文情势指数计算表

项目	排水去路			淹水历时			水位深度			
权重	0.4			0.3			0.3			
结构类型	矿体表层和边缘无侵蚀面积(D1)	切沟深与长度均达面积一半(D2)	切沟深达基底，纵贯矿床面积(D3)	夏季 3 个月以上淹水面积(P1)	夏季 1 个月以上淹水面积(P2)	夏季不淹水面积(P3)	地表积水大于 2 cm 面积(S1)	地表积水 0~2 cm 面积(S2)	无地表积水面积(S3)	水文情势指数
分权重	0.6	0.3	0.1	0.6	0.3	0.1	0.6	0.3	0.1	
田堡	26 982	0.00	0.00	5 396	3 507	18 078	4 587	4 317	18 078	62.15

4. 泥炭地现状评价

泥炭地泥炭化扰动指数 94.18，湿地植被覆盖指数 74.93，湿地水文指数 62.15，泥炭地现状指数计算结果为 74.95，综合评价为亚健康泥炭地。

表 3-1-5 泥炭地现状评价指数计算表

地名	泥炭化扰动指数 D	湿地植被覆盖指数 V	湿地水文指数 W	泥炭地现状指数 PSI	现状评价
权重	0.2	0.5	0.3		
田堡	94.18	74.93	62.15	74.95	亚健康泥炭地

5. 水源涵养能力

泥炭地调查面积 26 983 m^2，泥炭层平均厚度 0.34 m，孔隙率 54.4%，持水总量 4 990.78 t，单位面积持水量0.18 t/m^2。

表 3-1-6 宁夏六盘山西麓泥炭区块泥炭层涵养水源能力计算

地名	调查面积/m^2	泥炭层平均厚度/m	孔隙率/%	持水总量/t	单位面积持水量/$(t\cdot m^{-2})$
田堡	26 983	0.34	54.40	4 990.78	0.18

6. 碳汇功能

泥炭干容重 1.18 g/cm^3，总有机碳 5.22%，调查面积 26 983 m^2，泥炭资源量 9 024 m^3，碳储量 555.84 t，单位面积碳储量 20.6 kg/m^2，高于中国草地土壤碳密度 12.227 kg/m^2。

表 3-1-7 宁夏六盘山西麓泥炭区块泥炭层碳储量能力分析

地名	干容重/$(g\cdot cm^{-3})$	总有机碳（烘干）/%	调查面积/m^2	泥炭资源量/m^3	碳储量/t	单位面积储碳/$(kg\cdot m^{-2})$
田堡	1.18	5.22	26 983	9 024	555.84	20.60

二、毛庄

毛庄泥炭地为山前坡地，发育植被主要有 6 种，湿生植物有节节草、芦苇、茜草等；沼生植物有茵草；其他类生植物有牛口刺、广布小红门兰。代表性植物是茜草、茵草、牛口刺。

图 3-2-1 毛庄泥炭地湿生植物群落

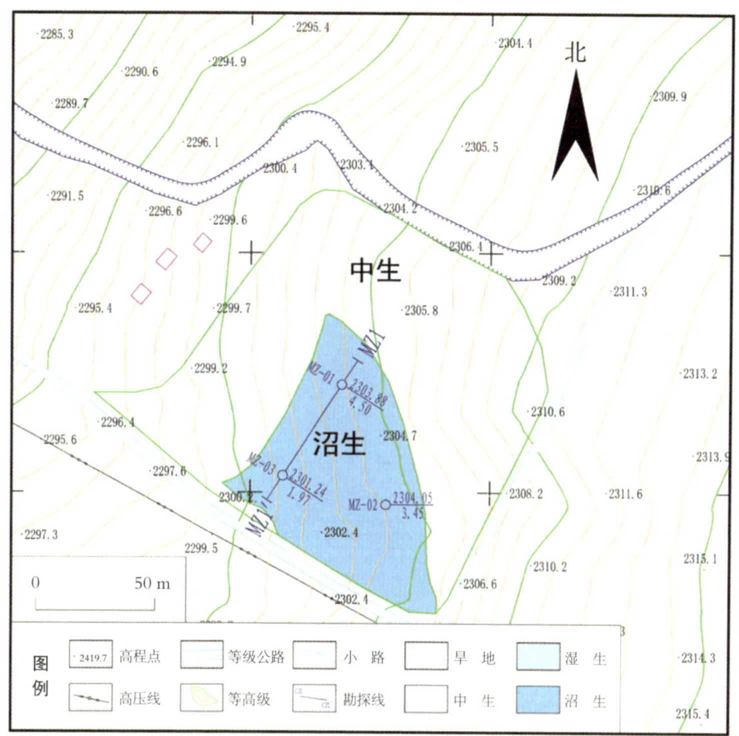

图 3-2-2　毛庄泥炭地平面分布图

（一）泥炭地沉积调查

泥炭地调查面积 18 695 m²，施工钻孔 3 个，见泥炭层 2 层（图 3-2-3），地层编号为 3、5 号，均为较稳定泥炭层。

表 3-2-1　泥炭沉积特征表

区块	面积/m²	主要泥炭层数	钻孔数/个	厚度/m		资源量/m³
				第一层	第二层	
毛庄	18 695	2	3	0~0.10 0.07	0.10~0.20 0.15	4 051

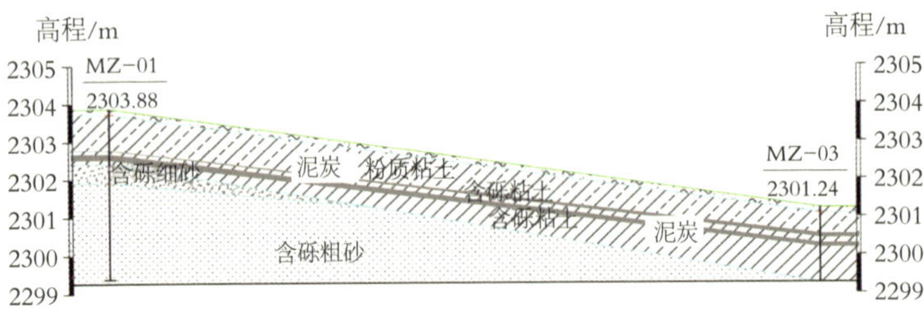

图 3-2-3　毛庄 1-1' 勘探线剖面图

3 号泥炭层全区大部分布，厚度 0~0.10 m，平均 0.07 m。南部厚、北部薄（图 3-2-4），埋深 0.70~0.95 m。

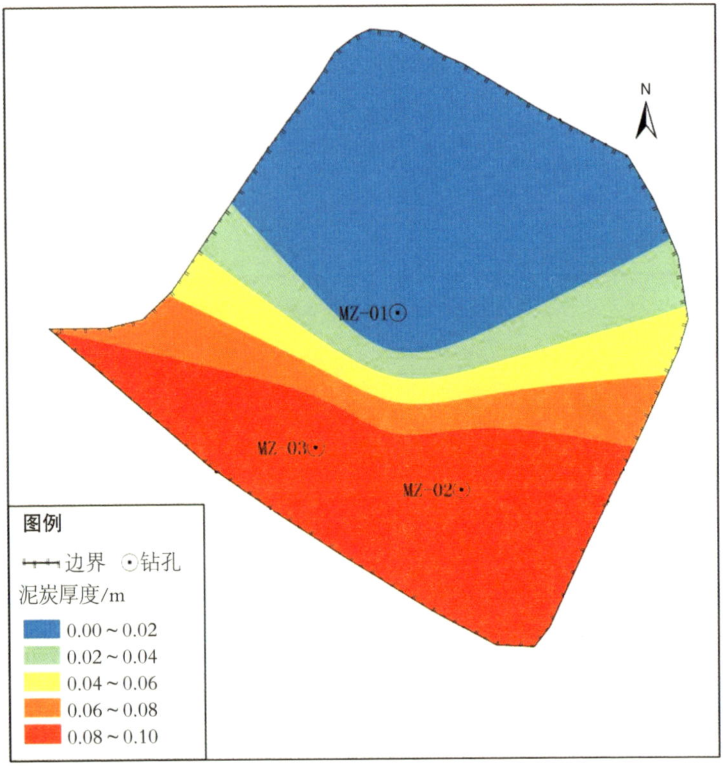

图 3-2-4　毛庄 3 号泥炭层厚度等值线图

5 号泥炭层全区分布，厚度 0.10~0.20 m，平均 0.15 m。东部厚、西部薄（图 3-2-5），埋深 0.95~1.35 m。根据 ^{14}C 年代测试结果，该泥炭层形成始于 2 660±30 yr BP。

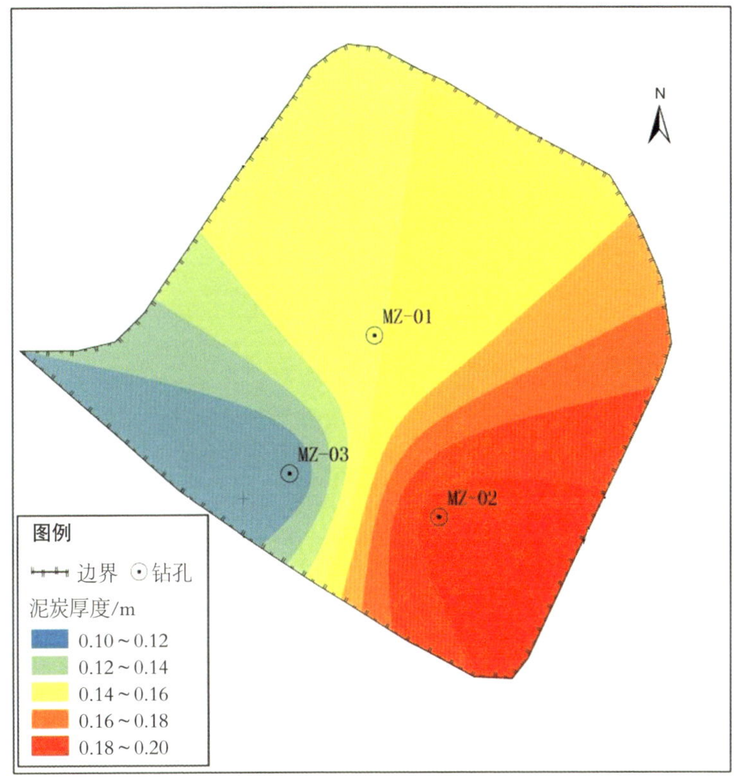

图 3-2-5 毛庄 5 号泥炭层厚度等值线图

毛庄泥炭地 5 号泥炭层颜色呈暗褐色，质轻，无光泽，结构呈碎纤维状。该层泥炭的自然含水量 47.8%，吸湿水 7.40%，干容重 1.00 g/cm^3，纤维含量 8.71%，真密度 2.18。水浸 pH 7.06，盐浸 pH 6.73，酸碱度呈微酸性反应。粗灰分含量

79.28%，占比较高。有机质含量较低，为 19.19%。腐殖酸含量相对较低，为 0.56%。泥炭干燥基高位发热量（$Q_{gr,d}$）为 4.43 MJ/kg，干燥基低位发热量（$Q_{net,d}$）为 4.22 MJ/kg。全硫含量 0.68%，全氮含量 0.82%，全磷含量 0.029%，全钾含量 1.68%。从样品外观判断，南部泥炭层泥质含量略高于测试样品，变化明显。

（二）泥炭地现状评价

1. 泥炭化扰动指数

泥炭地面积 18 695 m²，调查范围较小，基本无扰动。综合计算泥炭化扰动指数 100（表 3-2-2）。

表 3-2-2　毛庄泥炭化扰动指数计算表

项目	泥炭化层缺失	泥沙掩埋	人类活动			扰动化指数
权重	0.6	0.1	0.3			
扰动类型			开沟排水	放牧	开采活动	
分权重			0.5	0.3	0.2	
毛庄	0.00	0.00	0.00	0.00	0.00	100.00

2. 湿地植被指数

沼生植物群落面积 5 662 m²，占比 30%；湿生植物群落面积 13 032 m²，占比 70%。综合计算湿地植被指数 76.76。

表 3-2-3　毛庄湿地植被指数计算表

植被类型	水生植物群落	沼生植物群落	湿生植物群落	中生植物群落	旱生植物群落	湿地植被指数
类型权重	0.3	0.3	0.2	0.1	0.1	
毛庄	0.00	5 662	13 032	0.00	0.00	76.76

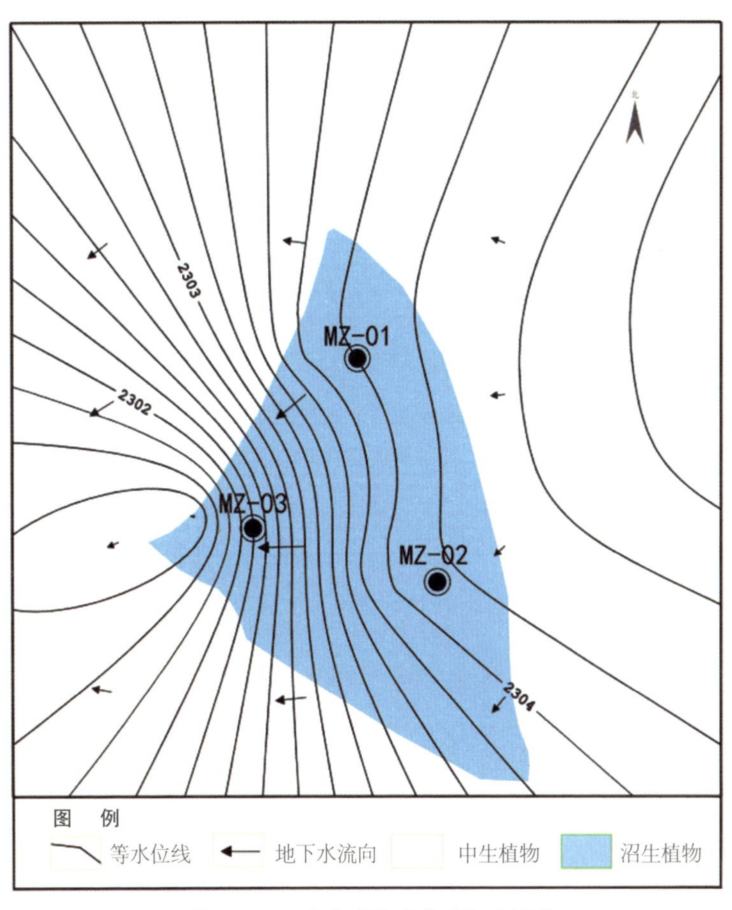

图 3-2-6　毛庄泥炭地地下水流场图

3. 水文情势指数

排水去路指标，矿体表层和边缘无侵蚀面积 14 956 m²，占比 80%；切沟深达基底、纵贯矿床主要集中在北部冲沟附近，面积 3 739 m²，占比 20%。淹水历时指标，夏季 3 个月以上淹水面积 3 739 m²，占比 20%；夏季 1 个月以上淹水面积 1 869 m²，占比 10%；夏季不淹水面积 13 086 m²，占比 70%。水位深度指标，丰水期地表积水大于 2 cm 面积 2 243 m²，占比 12%；丰水期地表积水 0~2 cm 面积 3 365 m²，占比 18%；丰水期地表无积水面积 13 086 m²，占比 70%。综合计算水文情势指数 54.13。

表 3-2-4　毛庄水文情势指数计算表

<table>
<tr><td>项目</td><td colspan="3">排水去路</td><td colspan="3">淹水历时</td><td colspan="3">水位深度</td><td rowspan="4">水文情势指数</td></tr>
<tr><td>权重</td><td colspan="3">0.4</td><td colspan="3">0.3</td><td colspan="3">0.3</td></tr>
<tr><td>结构类型</td><td>矿体表层和边缘无侵蚀面积(D1)</td><td>切沟深与长度均达面积一半(D2)</td><td>切沟深达基底，纵贯矿床面积(D3)</td><td>夏季 3 个月以上淹水面积(P1)</td><td>夏季 1 个月以上淹水面积(P2)</td><td>夏季不淹水面积(P3)</td><td>地表积水大于 2 cm 面积(S1)</td><td>地表积水 0~2 cm 面积(S2)</td><td>无地表积水面积(S3)</td></tr>
<tr><td>分权重</td><td>0.6</td><td>0.3</td><td>0.1</td><td>0.6</td><td>0.3</td><td>0.1</td><td>0.6</td><td>0.3</td><td>0.1</td></tr>
<tr><td>毛庄</td><td>14 956</td><td>0.00</td><td>3 739</td><td>3 739</td><td>1 869</td><td>13 086</td><td>2 243</td><td>3 365</td><td>13 086</td><td>54.13</td></tr>
</table>

4. 泥炭地现状评价

泥炭化扰动指数 100，湿地植被覆盖指数 76.76，湿地水文指数 54.13，泥炭地现状指数计算结果 74.62，综合评价毛庄泥炭地为亚健康泥炭地。

表 3-2-5　泥炭地现状评价指数计算表

地名	泥炭化扰动指数 D	湿地植被覆盖指数 V	湿地水文指数 W	泥炭地现状指数 PSI	现状评价
权重	0.2	0.5	0.3		
毛庄	100.00	76.76	54.13	74.62	亚健康泥炭地

5. 水源涵养能力

调查面积 18 695 m^2，泥炭层平均厚度 0.22 m，孔隙率 52.02%，持水总量 2 139.53 t，单位面积持水量 0.11 t/m^2。

表 3-2-6　宁夏六盘山西麓泥炭区块泥炭层涵养水源能力计算

地名	调查面积/m^2	泥炭层平均厚度/m	孔隙率/%	持水总量/t	单位面积持水量/(t·m^{-2})
毛庄	18 695	0.22	52.02	2 139.53	0.11

6. 碳汇功能

毛庄泥炭地泥炭干容重 1 g/cm^3，总有机碳 10.21%，调查面积 18 695 m^2，泥炭资源量 4 051 m^3，碳储量 413.61 t，单位面积碳储量 22.12 kg/m^2，高于中国草地土壤碳密度 12.227 kg/m^2。

表 3-2-7　宁夏六盘山西麓泥炭区块泥炭层碳储量能力分析

地名	干容重/(g·cm^{-3})	总有机碳(烘干)/%	调查面积/m^2	泥炭资源量/m^3	碳储量/t	单位面积储碳/(kg·m^{-2})
毛庄	1.00	10.21	18695	4051	413.61	22.12

三、莲花沟

莲花沟泥炭地为一处山前坡地，主要发育植被有 43 种，湿生植物有蕨麻、芦苇、长叶火绒草、矢叶橐吾、节节草、车前、日本毛连菜、紫花野菊、苣荬菜、萹蓄、苦苣菜、久内早熟禾、款冬、旋覆花、山野豌豆、驴蹄草；沼生植物有箭叶橐吾、粗喙苔草、泥炭藓；其他植物有白莲蒿、马齿苋、刺儿菜、野艾蒿、花苜蓿、猪毛蒿、平车前、羽裂凤毛菊等。本地具有区域代表性的植物是矢叶橐吾、萹蓄、泥炭藓、款冬、驴蹄草、羽裂凤毛菊、菊叶委陵菜。

图 3-3-1　莲花沟（南区块）泥炭地地貌

图 3-3-2 莲花沟（北区块）泥炭地地貌

(一) 泥炭地沉积调查

泥炭地调查区面积 116 542 m²，施工钻孔 30 个。根据地形地貌及泥炭层沉积环境条件，将莲花沟泥炭地分北、中、南 3 个区块。

1. 北区块

泥炭地调查面积 17 648 m²，施工钻孔 5 个，见泥炭层 2 层，地层编号为 4、5 号。5 号泥炭层较稳定（图 3-3-7）。

5 号泥炭层全区大部分布，厚度 0~1.13 m，平均 0.38 m。厚度大于 0.5 m 的钻孔 1 个，西南厚、东北薄（图 3-3-4）。埋藏深度 0.81~1.80 m。根据 ^{14}C 年代测试结果，该泥炭层形成

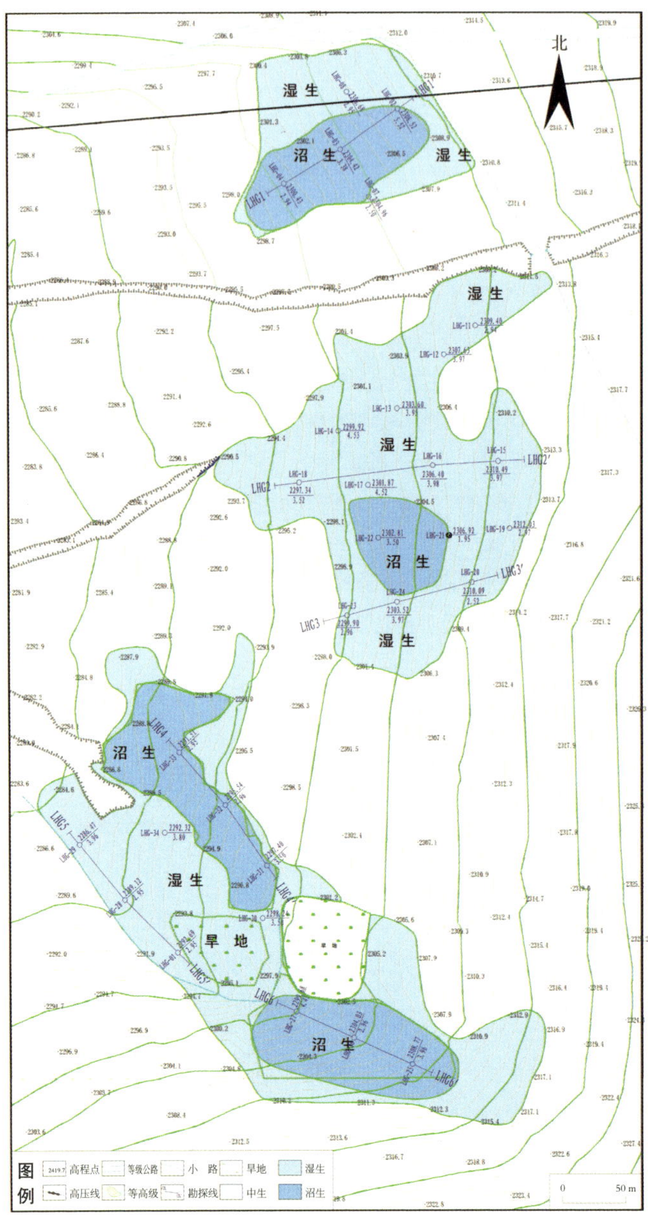

图 3-3-3　莲花沟泥炭地平面分布图

表 3-3-1　泥炭沉积特征表

区块		泥炭地面积/m^2	主要泥炭层数	钻孔数/个	厚度			资源量/m^3
					第一层	第二层	第三层	
莲花沟	北	17 648	1	5	$\frac{0\sim1.13}{0.38}$	—	—	6 706
	中	41 276	2	14	$\frac{0\sim0.50}{0.11}$	$\frac{0\sim0.32}{0.06}$	—	6 781
	南	57 618	1	11	$\frac{0\sim0.89}{0.14}$	—	—	8 119

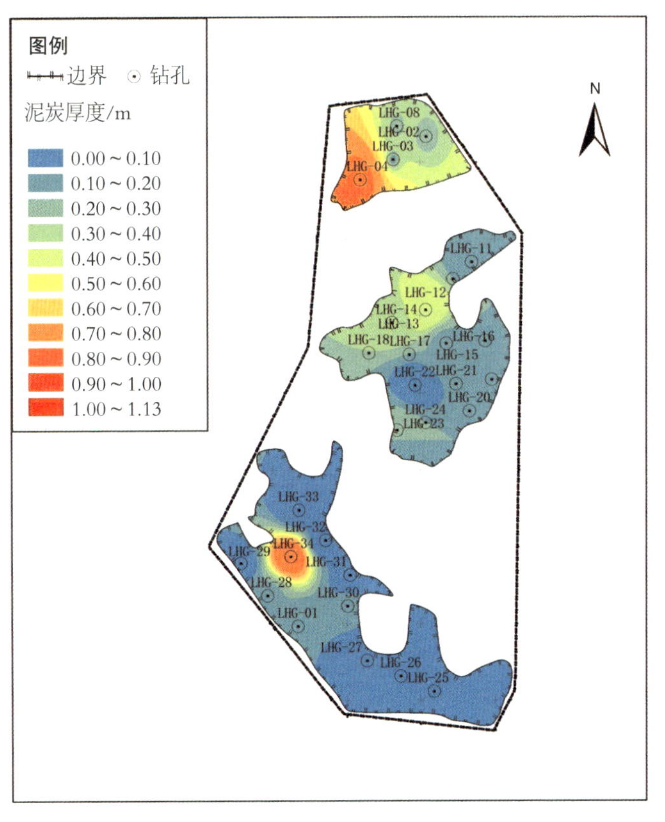

图 3-3-4　莲花沟 5 号泥炭层厚度等值线图

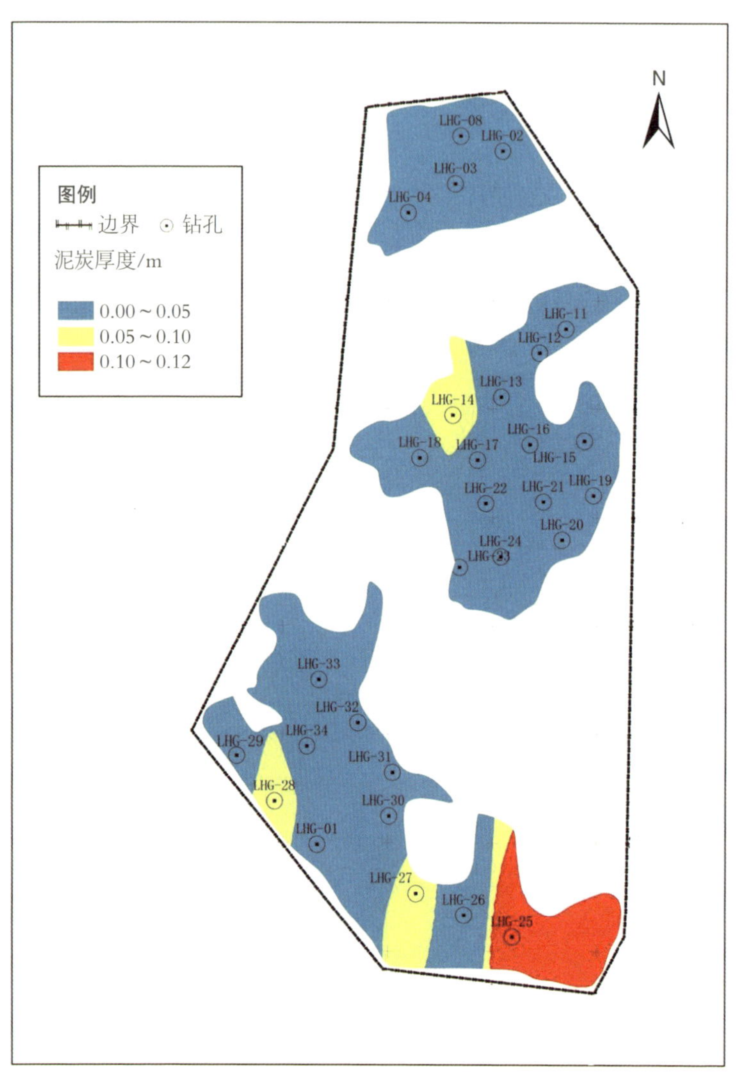

图 3-3-5　莲花沟 7 号泥炭层厚度等值线图

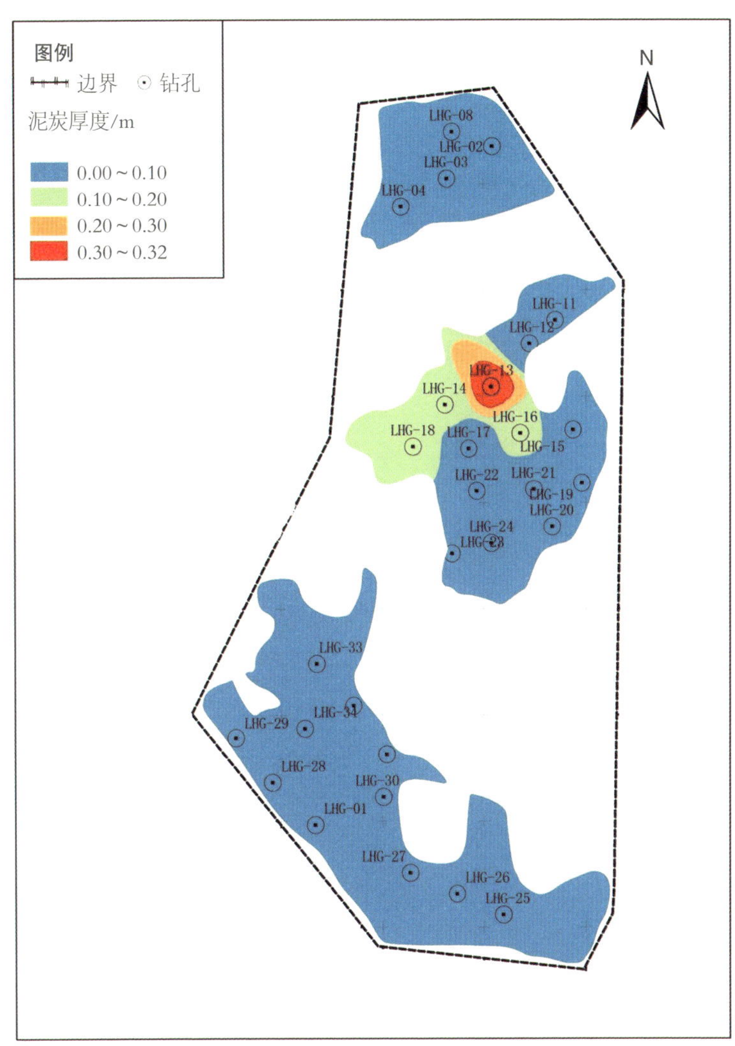

图 3-3-6　莲花沟 10 号泥炭层厚度等值线图

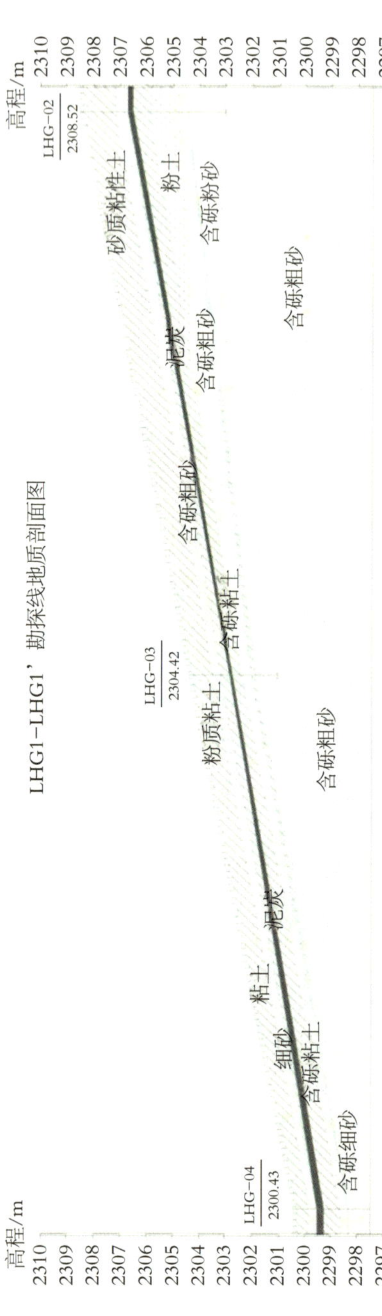

图 3-3-7 莲花沟 1-1’勘探线剖面图

于 3 160±30 yr BP。

2. 中区块

泥炭地调查面积 41 276 m²，施工钻孔 14 个，见泥炭层 3 层，地层编号为 5、7、10 号。较稳定泥炭层为 5、10 号（图 3-3-8）。

5 号泥炭层全区大部分布，厚度 0~0.50 m，平均 0.11 m，厚度大于 0.5 m 的钻孔 1 个，北部厚、南部薄（图 3-3-4），埋深 0.80~1.45 m。

10 号泥炭层局部分布，厚度 0~0.32 m，平均 0.06 m，西北厚、东南薄（图 3-3-6），埋深 1.43~2.32 m。

最下部泥炭层为西北部的 LHG-14 钻孔 3.09 m 深度处，与粉质粘土互层。根据 ^{14}C 年代测试结果，该泥炭层形成始于 5 490±30 yr BP。

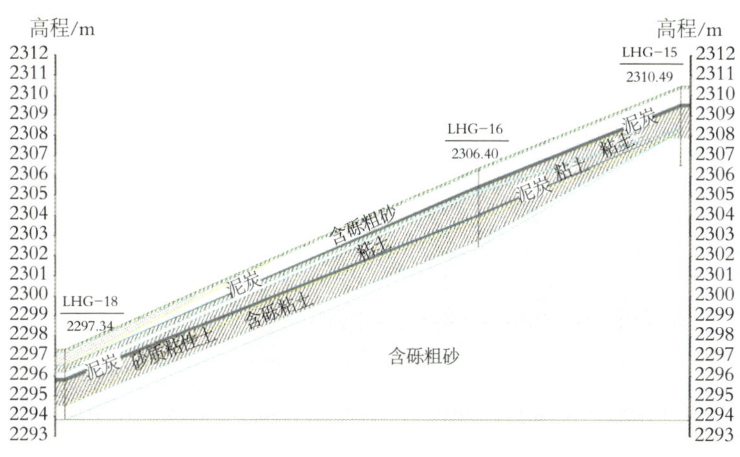

图 3-3-8　莲花沟 2-2’勘探线剖面图

3. 南区块

泥炭地调查面积 57 618 m^2，施工钻孔 11 个，见泥炭层 4 层，地层编号为 5、7、10、13 号，仅 5 号泥炭层较稳定（图 3–3–9）。

5 号泥炭层全区大部分布，厚度 0~0.89 m，平均 0.14 m，厚度大于 0.5 m 的钻孔 1 个，西北厚、东南薄（图 3–3–4），埋深 0.52~0.90 m。

7 号泥炭层局部分布，厚度 0~0.12 m，平均厚度 0.02 m，厚度变化特征不明显，分布不连片，埋深 1.15~2.46 m（图 3–3–5）。根据 ^{14}C 年代测试结果，该泥炭层形成始于 1 190±30 yr BP。

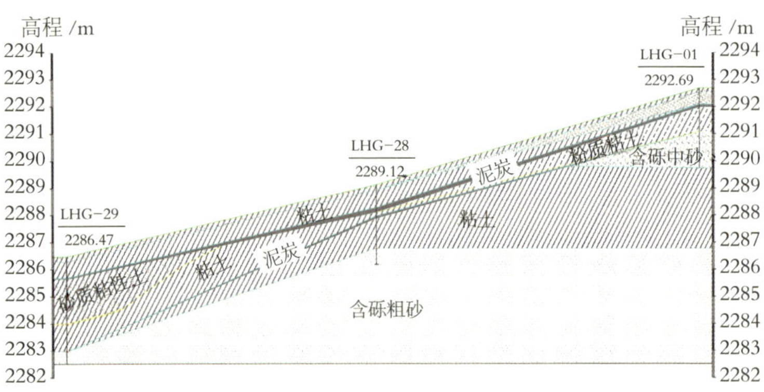

图 3–3–9　莲花沟 5–5’勘探线剖面图

莲花沟泥炭地北区块 5 号泥炭层颜色呈褐色，质轻，结构呈碎纤维状，夹少量植物残屑。该层泥炭的自然含水量 37.2%，吸湿水 7.03%，干容重 1.27 g/cm^3，纤维含量 18.22%，真密度

2.29。水浸 pH 7.87，盐浸 pH 7.53，酸碱度呈微碱性反应。粗灰分含量占 80.78%，占比较高。有机质含量较低，为 17.87%。腐殖酸含量相对较低，为 0.52%。泥炭干燥基高位发热量（$Q_{gr,d}$）为 3.78 MJ/kg，干燥基低位发热量（$Q_{net,d}$）为 3.60 MJ/kg。全硫含量 0.61%，全氮含量 0.75%，全磷含量 0.052%，全钾含量 1.16%。

表 3-3-2　莲花沟泥炭物理化学性质

钻孔号		LHG-10	LHG-14	LHG-34	LHG-34
钻孔所属区块		北区块	中区块	南区块	南区块
泥炭层编号		5	5	5	10
取样深度/m		1.79~1.89	1.45~1.78	1.20~1.35	1.75~1.85
颜色		褐色	褐色	棕黄	褐色
自然含水量/%		37.2	52.6	29.6	35.8
吸湿水/%		7.03	7.15	4.30	5.00
干容重/(g·cm^{-3})		1.27	1.20	1.25	1.30
纤维含量/%		18.22	22.39	21.85	13.54
真密度		2.29	2.36	2.55	2.48
pH	水浸	7.87	7.67	7.89	7.76
	盐浸	7.53	7.52	7.61	7.59
粗灰分/%		80.78	78.21	90.68	86.69
有机质/%		17.87	20.23	8.92	12.64
腐殖酸/%		0.52	0.42	0.27	0.30

续表

钻孔号		LHG-10	LHG-14	LHG-34	LHG-34
发热量/($MJ \cdot kg^{-1}$)	$Q_{b,ad}$	3.57	3.95	1.36	2.14
	$Q_{gr,d}$	3.78	4.07	1.35	2.13
	$Q_{net,d}$	3.60	3.87	1.26	2.01
全硫/%		0.61	1.72	0.75	1.23
全氮/%		0.75	0.85	0.27	0.43
全磷/%		0.052	0.054	0.042	0.040
全钾/%		1.16	1.22	1.59	1.31

莲花沟泥炭地中区块 5 号泥炭层颜色呈褐色，质轻，无光泽，结构呈纤维状。该层泥炭的自然含水量 52.6%，吸湿水 7.15%，干容重 1.20 g/cm^3，纤维含量 22.39%，真密度 2.36。水浸 pH 7.67，盐浸 pH 7.52，酸碱度呈微碱性反应。粗灰分含量 78.21%，占比较高。有机质含量较高，为 20.23%。腐殖酸含量相对较低，为 0.42%。泥炭干燥基高位发热量（$Q_{gr,d}$）为 4.07 MJ/kg，干燥基低位发热量（$Q_{net,d}$）为 3.87 MJ/kg。全硫含量 1.72%，全氮含量 0.85%，全磷含量 0.054%，全钾含量 1.22%。

莲花沟泥炭地南区块 5 号泥炭层颜色呈棕黄色，软塑，质轻，结构呈细纤维状。该层泥炭的自然含水量 29.6%，吸湿水 4.30%，干容重 1.25 g/cm^3，纤维含量 21.85%，真密度 2.55。水浸 pH 7.89 ，盐浸 pH 7.61，酸碱度呈微碱性反应。粗灰分含量 90.68%，占比较高。有机质含量较低，为 8.92%。腐殖酸含量相对较低，为 0.27%。泥炭干燥基高位发热量（$Q_{gr,d}$）为 1.35 MJ/kg，干燥基低位发热量（$Q_{net,d}$）为 1.26 MJ/kg。全硫含量 0.75%，全氮含量 0.27%，全磷含量 0.042%，全钾含量 1.59%。

莲花沟泥炭地南区块 10 号泥炭层颜色呈褐色，质轻，结构呈细纤维状。该层泥炭的自然含水量 35.8%，吸湿水 5.00%，干容重 1.30 g/cm^3，纤维含量 13.54%，真密度 2.48。水浸 pH 7.76，盐浸 pH 7.59，酸碱度呈微碱性反应。粗灰分含量 86.69%，占比较高。有机质含量较低，为 12.64%。腐殖酸含量相对较低，为 0.30%。泥炭干燥基高位发热量（$Q_{gr,d}$）为 2.13 MJ/kg，干燥基低位发热量（$Q_{net,d}$）为 2.01 MJ/kg。全硫含量 1.23%，全氮含量 0.43%，全磷含量 0.040%，全钾含量 1.31%。

对比莲花沟泥炭地南区块 5 号、10 号泥炭层测试数据可知，莲花沟南区块泥炭层自上向下：自然含水量升高，吸湿水含量升高，干容重变大，纤维含量降低，真密度变小，水浸、盐浸 pH 均变小，但酸碱度均为碱性，粗灰分含量降低，有机质含量升高，腐殖酸含量升高，发热量升高，全硫、全氮含量升高，全磷、全钾含量降低。

莲花沟中区块物化性质指标略优于南北区块，南区块下部泥炭层有机质含量略高于上部泥炭层。区域内各指标差异较小，性质稳定。

（二）泥炭地现状评价

1. 泥炭化扰动指数

莲花沟泥炭地面积 116 542 m²。泥炭化层缺失主要由植被退化导致，面积 8 157 m²，占比 7%。综合计算泥炭化扰动指数 95.8。

表 3-3-3　莲花沟泥炭化扰动指数计算表

项目	泥炭化层缺失	泥沙掩埋	人类活动			扰动指数
权重	0.6	0.1	0.3			
扰动类型			开沟排水	放牧	开采活动	
分权重			0.5	0.3	0.2	
莲花沟	8157	0.00	0.00	0.00	0.00	95.80

2. 湿地植被指数

沼生植物群落 30 482 m²，占比 26%；湿生植物群落 78 351 m²，占比 67%；旱生植物群落 7 708 m²，占比 7%。综合计算湿地植被指数73.18。

表 3-3-4　莲花沟湿地植被指数计算表

植被类型	水生植物群落	沼生植物群落	湿生植物群落	中生植物群落	旱生植物群落	湿地植被指数
类型权重	0.3	0.3	0.2	0.1	0.1	
莲花沟	0.00	30 482	78 351	0.00	7 708	73.18

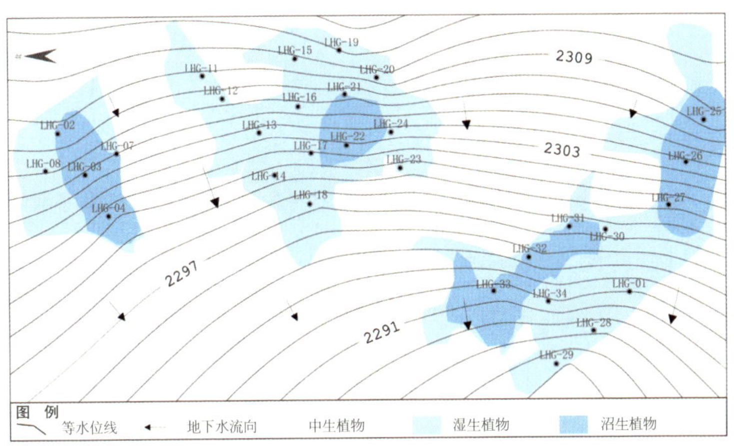

图 3-3-10　莲花沟泥炭地地下水流场图

3. 水文情势指数

排水去路指标，矿体表层和边缘无侵蚀面积 107 218 m^2，占比 92%；切沟深达基底、纵贯矿床集中在中区块北侧冲沟附

表 3-3-5　莲花沟水文情势指数计算表

项目	排水去路			淹水历时			水位深度			水文情势指数
权重	0.4			0.3			0.3			
结构类型	矿体表层和边缘无侵蚀面积(D1)	切沟深与长度均达面积一半(D2)	切沟深达基底，纵贯矿床面积(D3)	夏季3个月以上淹水面积(P1)	夏季1个月以上淹水面积(P2)	夏季不淹水面积(P3)	地表积水大于2 cm面积(S1)	地表积水0~2 cm面积(S2)	无地表积水面积(S3)	
分权重	0.6	0.3	0.1	0.6	0.3	0.1	0.6	0.3	0.1	
莲花沟	107 218	0.00	9 323	13 985	16 315	86 241	17 481	12 819	86 241	56.58

近以及南区块西部边缘冲沟，面积 9 323 m²，占比 8%。淹水历时指标，夏季 3 个月以上淹水面积 13 985 m²，占比 12%；夏季1 个月以上淹水面积 16 315 m²，占比 14%；夏季不淹水面积 86 241 m²，占比 74%。水位深度指标，丰水期地表积水大于 2 cm 面积 17 481 m²，占比 15%；丰水期地表积水 0~2 cm 面积 12 819 m²，占比 11%；丰水期地表无积水面积 86 241 m²，占比 74%。综合计算水文情势指数 56.58。

4. 泥炭地现状评价

泥炭地泥炭化扰动指数 95.8，湿地植被覆盖指数 73.18，湿地水文指数 56.58，泥炭地现状指数计算结果为 72.73，综合评价为亚健康泥炭地。

表 3-3-6　泥炭地现状评价指数计算表

地名	泥炭化扰动指数 D	湿地植被覆盖指数 V	湿地水文指数 W	泥炭地现状指数 PSI	现状评价
权重	0.2	0.5	0.3		
莲花沟	95.80	73.18	56.58	72.73	亚健康泥炭地

5. 泥炭层水源涵养能力

调查面积 116 542 m²，泥炭层平均厚度 0.69 m，孔隙率 48.48%，持水总量 38 984.7 t，单位面积持水量 0.33 t/m²。

6. 碳汇功能

泥炭干容重 1.26 g/cm³，总有机碳 6.93%，调查面积 116 542 m²，泥炭资源量 21 606 m³，碳储量 1 886.59 t，单位面积碳储量

16.19 kg/m²，高于中国草地土壤碳密度 12.227 kg/m²。

表 3-3-7　宁夏六盘山西麓泥炭区块泥炭层涵养水源能力计算

地名	调查面积/m²	泥炭层平均厚度/m	孔隙率/%	持水总量/t	单位面积持水量/(t·m⁻²)
莲花沟	116 542	0.69	48.48	38 984.70	0.33

表 3-3-8　宁夏六盘山西麓泥炭区块泥炭层碳储量能力分析

地名	干容重/(g·cm⁻³)	总有机碳（烘干）/%	调查面积/m²	泥炭资源量/m³	碳储量/t	单位面积储碳/(kg·m⁻²)
莲花沟	1.26	6.93	116 542	21 606	1 886.59	16.19

四、伏羲崖

伏羲崖泥炭地形成于一处山前坡地，发育植被有 16 种，

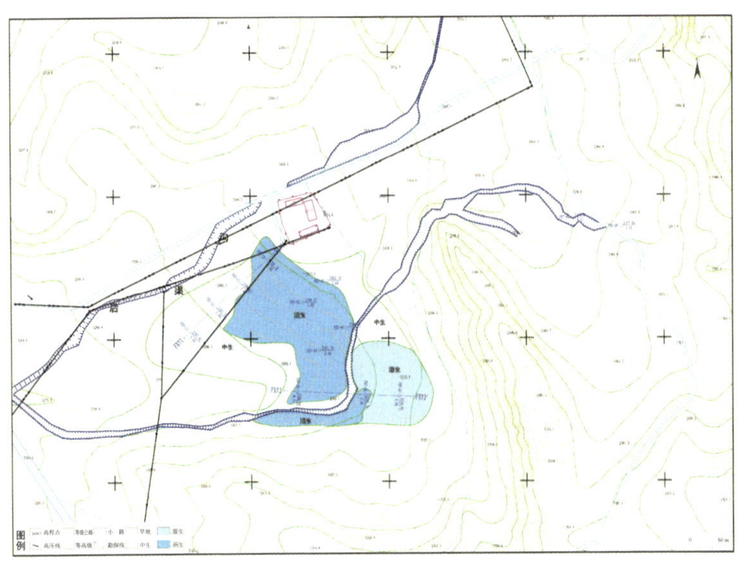

图 3-4-1　伏羲崖泥炭地平面分布图

湿生植物有皱叶酸模、书带薹草、厥麻、驴蹄草、薄荷、广布小红门兰；沼生植物有箭叶橐吾；其他类生植物有白莲蒿、苜蓿。本地具有区域代表性的植物是魁蓟、驴蹄草、广布小红门兰。

（一）泥炭地沉积调查

泥炭地调查面积 69 049 m²，施工钻孔 11 个，见泥炭层 5 层，地层编号为 3、6、8、14、16 号，其中 3、14 号泥炭层较稳定（图 3-4-2）。

表 3-4-1　泥炭沉积特征表

区块	面积/m²	主要泥炭层数	钻孔数/个	厚度/m			资源量/m³
				第一层	第二层	第三层	
伏羲崖	69 049	2	11	0~0.60 0.16	0~0.65 0.08	—	12 586

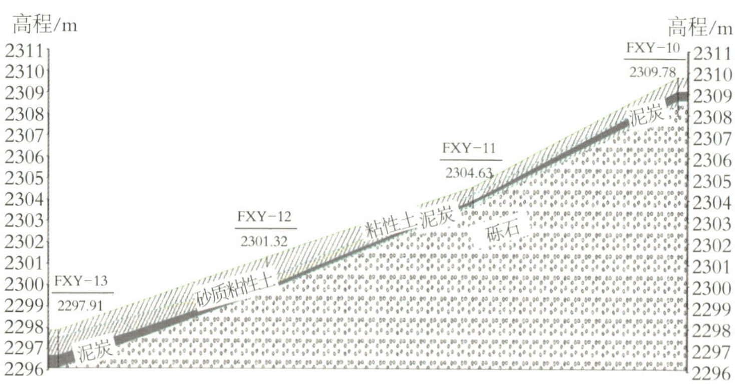

图 3-4-2　伏羲崖 1-1' 勘探线剖面图

3 号泥炭层全区大部分布，厚度 0~0.60 m，平均 0.16 m，厚度大于 0.50 m 的钻孔 1 个，西北厚、东南薄（图 3-4-3），埋深 0.30~1.40 m。

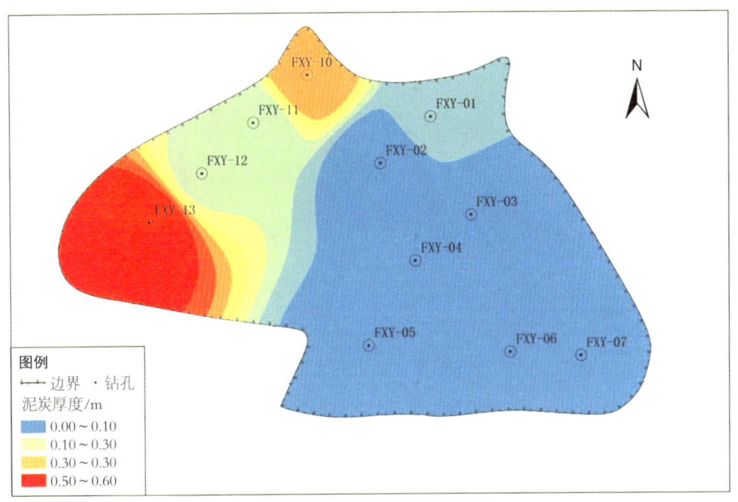

图 3-4-3 伏羲崖 3 号泥炭层厚度等值线图

14 号泥炭层全区大部分布，厚度 0~0.65 m，平均 0.08 m，厚度大于 0.50 m 的钻孔 1 个，东南厚、西北薄（图 3-4-4），埋深 0.98~2.50 m。

最下部泥炭层为东南部的 FXY-07 钻孔揭露的 16 号泥炭层，埋深 3.17 m。根据 ^{14}C 年代测试结果，该泥炭层形成始于 2 320±30 yr BP。

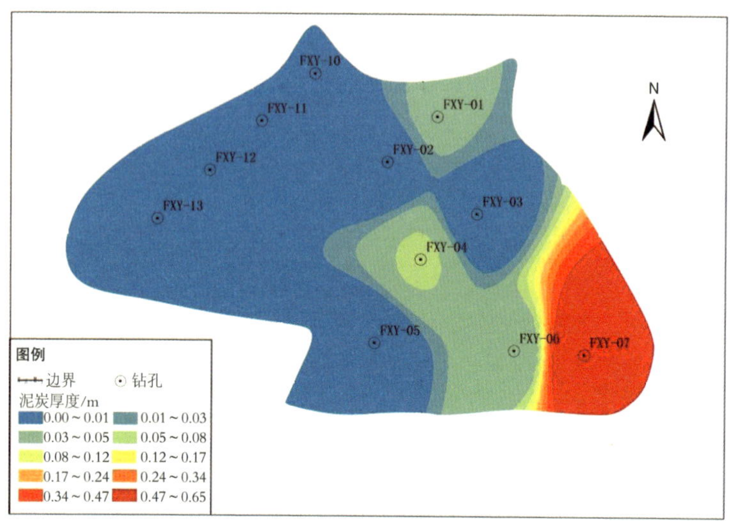

图 3-4-4　伏羲崖 14 号泥炭层厚度等值线图

（二）泥炭地现状评价

1. 泥炭化扰动指数

泥炭地面积 69 048 m^2。泥炭化层缺失主要由植被退化导致，面积 31 762 m^2，占比 46%。综合计算湿地植被指数 72.4（表 3-4-2）。

表 3-4-2　伏羲崖泥炭化扰动指数计算表

项目	泥炭化层缺失	泥沙掩埋	人类活动			扰动指数
权重	0.6	0.1	0.3			
扰动类型			开沟排水	放牧	开采活动	
分权重			0.5	0.3	0.2	
伏羲崖	31 762	0.00	0.00	0.00	0.00	72.40

2. 湿地植被指数

沼生植物群落面积 26 339 m²，占比 38%；湿生植物群落面积 10 973 m²，占比 16%；中生植物群落面积 31 735 m²，占比 46%。综合计算湿地植被指数 64.06。

表 3-4-3　伏羲崖湿地植被指数计算表

植被类型	水生植物群落	沼生植物群落	湿生植物群落	中生植物群落	旱生植物群落	湿地植被指数
类型权重	0.3	0.3	0.2	0.1	0.1	
伏羲崖	0.00	26 339	10 973	31 735	0.00	64.06

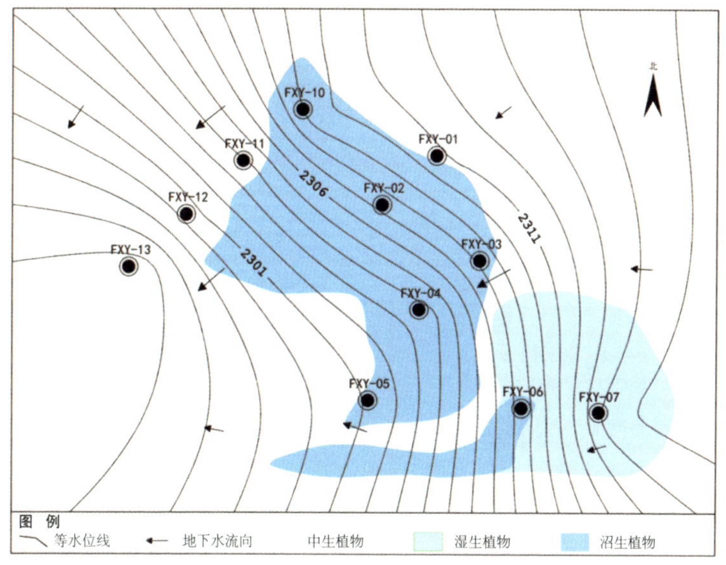

图 3-4-5　伏羲崖泥炭地地下水流场图

3. 水文情势指数

排水去路指标，矿体表层和边缘无侵蚀面积 37 286 m²，占比 54%；切沟深与长度均达面积一半区域集中在南部坡脚，面积 13 809 m²，占比 20%；切沟深达基底、纵贯矿床主要为泥炭地中部由东至西冲沟附近，面积 17 952 m²，占比 26%。淹水历时指标，夏季 3 个月以上淹水面积 13 809 m²，占比 20%；夏季 1 个月以上淹水面积 13 119 m²，占比 19%；夏季不淹水面积 42 119 m²，占比 61%。水位深度指标，丰水期地表积水大于 2 cm 面积 6 904 m²，占比 10%；丰水期地表积水 0~2 cm 面积 20 024 m²，占比 29%；丰水期地表无积水面积 42 119 m²，占比 61%。综合计算水文情势指数49.63。

表 3-4-4　伏羲崖水文情势指数计算表

项目	排水去路			淹水历时			水位深度			水文情势指数
权重	0.4			0.3			0.3			
结构类型	矿体表层和边缘无侵蚀面积(D1)	切沟深与长度均达面积一半(D2)	切沟深达基底，纵贯矿床面积(D3)	夏季 3 个月以上淹水面积(P1)	夏季 1 个月以上淹水面积(P2)	夏季不淹水面积(P3)	地表积水大于 2 cm 面积(S1)	地表积水 0~2 cm 面积(S2)	无地表积水面积(S3)	
分权重	0.6	0.3	0.1	0.6	0.3	0.1	0.6	0.3	0.1	
伏羲崖	37 286	13 809	17 952	13 809	13 119	42 119	6 904	20 024	42 119	49.63

4. 泥炭地现状评价

泥炭地泥炭化扰动指数 72.4，湿地植被覆盖指数 64.06，湿地水文情势指数 49.63，泥炭地现状指数计算结果 61.4，综合评价为亚健康泥炭地。

表 3-4-5 泥炭地现状评价指数计算表

地名	泥炭化扰动指数 D	湿地植被覆盖指数 V	湿地水文指数 W	泥炭地现状指数 PSI	现状评价
权重	0.2	0.5	0.3		
伏羲崖	72.40	64.06	49.63	61.40	亚健康泥炭地

5. 水源涵养能力

调查面积 69 049 m^2，泥炭层平均厚度 0.24 m，孔隙率 51.53%，持水总量 8 539.43 t，单位面积持水量 0.12 t/m^2。

表 3-4-6 宁夏六盘山西麓泥炭区块泥炭层涵养水源能力计算

地名	调查面积/m^2	泥炭层平均厚度/m	孔隙率/%	持水总量/t	单位面积持水量/($t \cdot m^{-2}$)
伏羲崖	69049	0.24	51.53	8539.43	0.12

6. 碳汇功能

伏羲崖泥炭地泥炭干容重 1.15 g/cm^3，总有机碳 4.44%，调查面积 69 049 m^2，泥炭资源量 13 844 m^3，碳储量 706.87 t，单位面积碳储量 10.24 kg/m^2，略低于中国草地土壤碳密度 12.227 kg/m^2。

表 3-4-7 宁夏六盘山西麓泥炭区块泥炭层碳储量能力分析

地名	干容重/($g \cdot cm^{-3}$)	总有机碳（烘干）/%	调查面积/m^2	泥炭资源量/m^3	碳储量/t	单位面积储碳/($kg \cdot m^{-2}$)
伏羲崖	1.15	4.44	69049	13844	706.87	10.24

五、槽子梁

槽子梁泥炭地位于一处山间洼地，发育湿生植物有书带薹草、节节草、车前；沼生植物有箭叶橐吾、泥炭藓；其他类生植物有野燕麦、草木樨。

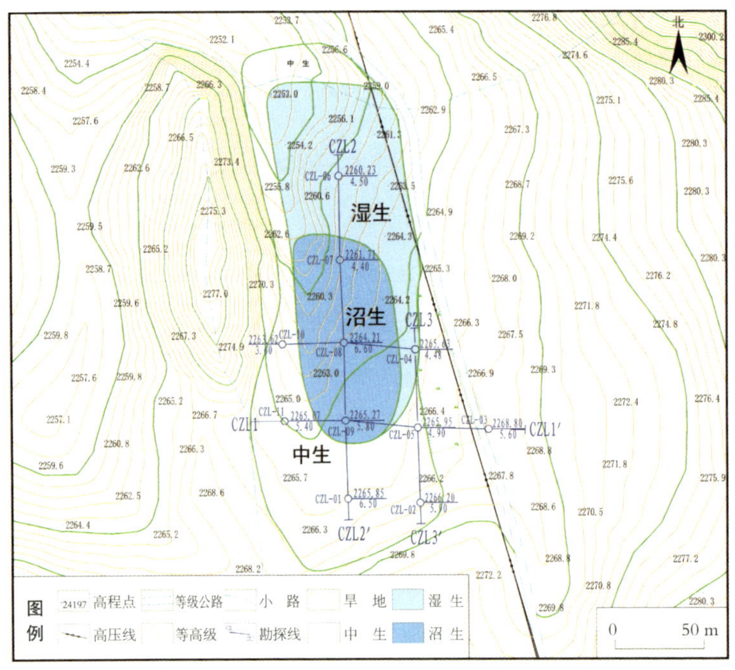

图 3-5-1 槽子梁泥炭地平面分布图

(一) 泥炭地沉积调查

泥炭地调查面积 24 883 m²，施工钻孔 10 个，见泥炭层 4 层，地层编号为 2、4、6、8 号，其中 4、6 号泥炭层较稳定(图 3-5-2)。

表 3-5-1　泥炭沉积特征表

区块	泥炭地面积/m²	主要泥炭层数	钻孔数/个	厚度			资源量/m³
				第一层	第二层	第三层	
槽子梁	24 883	2	10	0~1.40 0.75	0~1.15 0.49	—	30 780

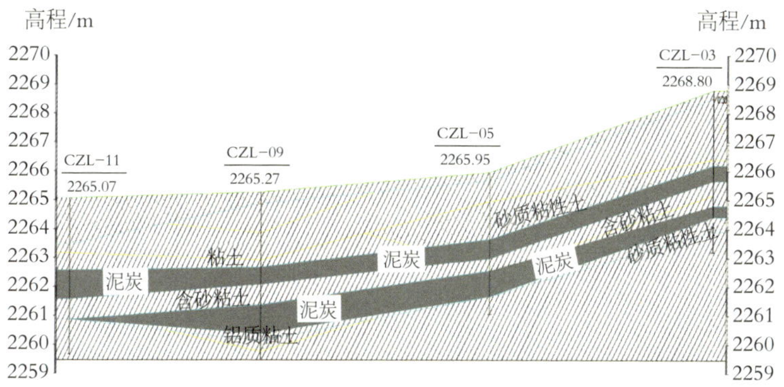

图 3-5-2　槽子梁 1-1' 勘探线剖面图

4 号泥炭层全区大部分布，厚度 0~1.40 m，平均 0.75 m，钻孔见泥炭层厚度均大于 0.50 m，除西部 CZL-10 钻孔未见该层外，其余钻孔该层位稳定（图 3-5-3）。埋深 0.90~2.80 m。

6 号泥炭层全区大部分布，厚度 0~1.15 m，平均 0.49 m，见泥炭层厚度大于 0.50 m 的钻孔有 6 个。南部厚、北部薄（图 3-5-4），埋深 2.65~5.00 m。根据 ^{14}C 年代测试结果，该泥炭层形成始于 620±30 yr BP~9 400±30 yr BP。

最下部泥炭层在 CZL-01 号钻孔 5.95 m 深度处，与砂质粘土、粘土互层。根据 ^{14}C 年代测试结果，该泥炭层形成始于

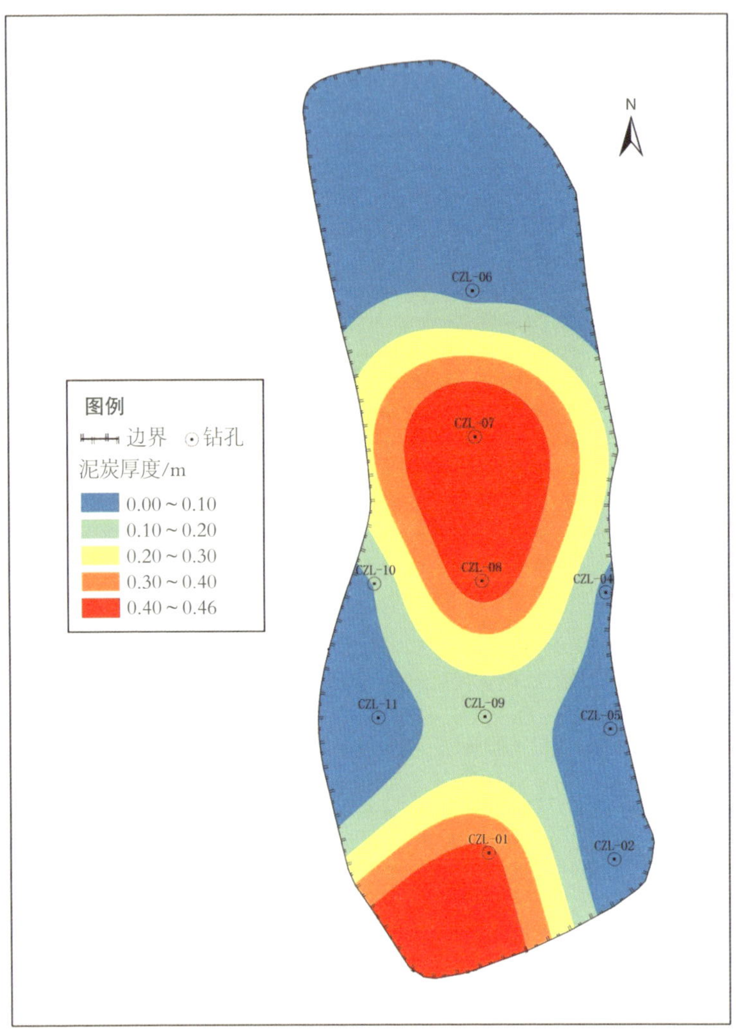

图 3-5-3　槽子梁 4 号泥炭层厚度等值线图

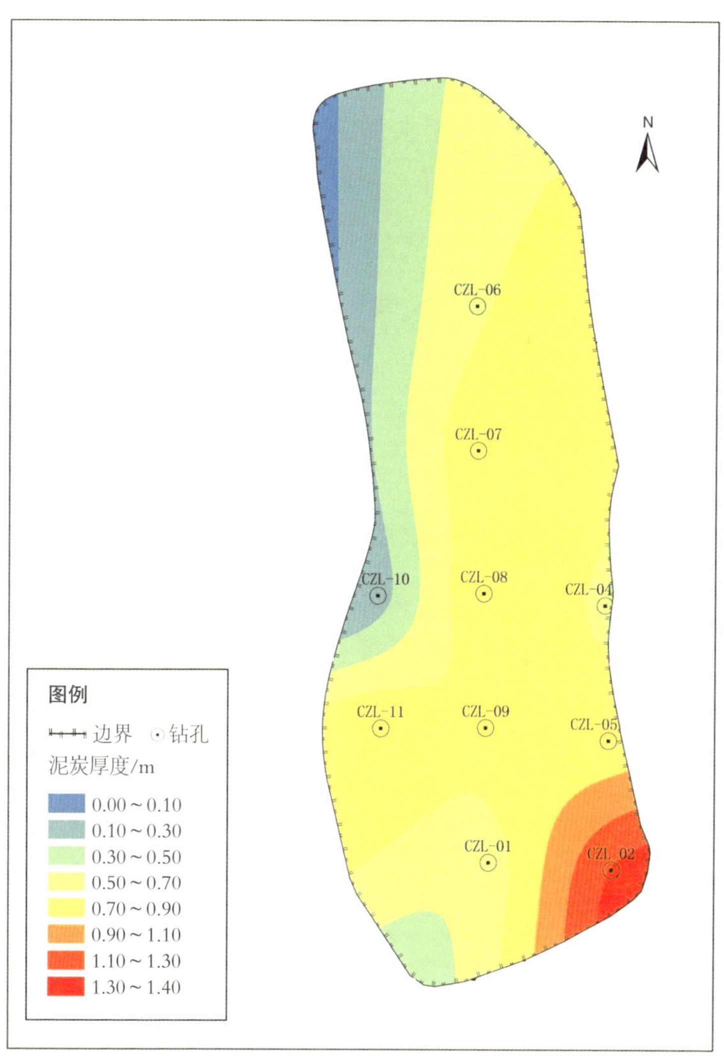

图 3-5-4　槽子梁 6 号泥炭层厚度等值线图

12 420±40 yr BP。

槽子梁泥炭地4号泥炭层颜色呈灰色，质轻，无光泽，结构呈粗纤维状，含植物残屑及少量贝壳类化石。该层泥炭的自然含水量为25.60%，吸湿水5.60%，干容重1.15 g/cm^3，纤维含量19.06%，真密度2.51。水浸pH 7.69，盐浸pH 7.52，酸碱度呈微碱性反应。粗灰分含量占87.62%，有机质含量较低，为11.69%。腐殖酸含量相对较低，为0.34%。泥炭干燥基高位发热量（$Q_{gr,d}$）为1.90 MJ/kg，干燥基低位发热量（$Q_{net,d}$）为1.77 MJ/kg。全硫含量1.61%，全氮含量0.40%，全磷含量0.047%，全钾含量0.93%。

槽子梁泥炭地6号泥炭层颜色呈暗褐色，质轻，无光泽，结构呈粗纤维状，夹少量植物残屑。该层泥炭的自然含水量40.9%，吸湿水12.43%，干容重1.12 g/cm^3，纤维含量21.41%，真密度2.63。水浸pH 6.70，盐浸pH 6.47，酸碱度呈微酸性反应。粗灰分含量占82.72%，有机质含量较低，为15.13%。腐殖酸含量相对较低，为0.42%。泥炭干燥基高位发热量（$Q_{gr,d}$）为2.42 MJ/kg，干燥基低位发热量（$Q_{net,d}$）为2.33 MJ/kg。全硫含量7.53%，全氮含量0.75%，全磷含量0.038%，全钾含量1.07%（见表3–5–2）。

对比槽子梁4号、6号泥炭层测试数据可知，槽子梁泥炭层自上向下：自然含水量升高，吸湿水含量升高，干容重变小，纤维含量升高，真密度变大，水浸、盐浸pH均变小，酸

表 3-5-2　槽子梁泥炭物理化学性质

钻孔号		CZL-01	
泥炭层编号		4	6
取样深度/m		0.92~1.02	3.60~3.70
颜色		灰色	暗褐
自然含水量/%		25.60	40.90
吸湿水/%		5.60	12.43
干容重/($g \cdot cm^{-3}$)		1.15	1.12
纤维含/%		19.06	21.41
真密度		2.51	2.63
pH	水浸	7.69	6.70
	盐浸	7.52	6.47
粗灰分/%		87.62	82.72
有机质/%		11.69	15.13
腐殖酸/%		0.34	0.42
发热量/($MJ \cdot kg^{-1}$)	$Q_{b,ad}$	1.94	2.83
	$Q_{gr,d}$	1.90	2.42
	$Q_{net,d}$	1.77	2.33
全硫/%		1.61	7.53
全氮/%		0.40	0.75
全磷/%		0.047	0.038
全钾/%		0.93	1.07

碱度由碱性变为酸性，粗灰分含量降低，有机质含量升高，腐殖酸含量升高，发热量升高，全硫、全氮含量升高，全磷降低，全钾含量升高。

（二）泥炭地现状评价

1. 泥炭化扰动指数

槽子梁泥炭地总面积 24 882 m^2。泥炭化层缺失主要由植被退化导致，面积 12 192 m^2，占比 49%；泥沙掩埋面积 0 m^2；开采活动影响主要集中在西北部，泥炭层缺失，泥炭化层已逐渐恢复，面积 3 732 m^2，占比 15%。综合计算湿地植被指数 69.7。

表 3-5-3　槽子梁泥炭化扰动指数计算表

项目	泥炭化层缺失	泥沙掩埋	人类活动			扰动化指数
权重	0.6	0.1	0.3			
扰动类型			开沟排水	放牧	开采活动	
分权重			0.5	0.3	0.2	
槽子梁	12 192	0.00	0.00	0.00	3 732	69.70

2. 湿地植被指数

沼生植物群落 5 474 m^2，占比 22%；湿生植物群落 7 203 m^2，占比 29%；中生植物群落 10 430.71 m^2，占比 42%；旱生植物群落 1 773.8 m^2，占比 7%。综合计算湿地植被指数 57.65。

表 3-5-4　槽子梁湿地植被指数计算表

植被类型	水生植物群落	沼生植物群落	湿生植物群落	中生植物群落	旱生植物群落	湿地植被指数
类型权重	0.3	0.3	0.2	0.1	0.1	
槽子梁	0.00	5 474.86	7 203.61	10 430.71	1 773.80	57.65

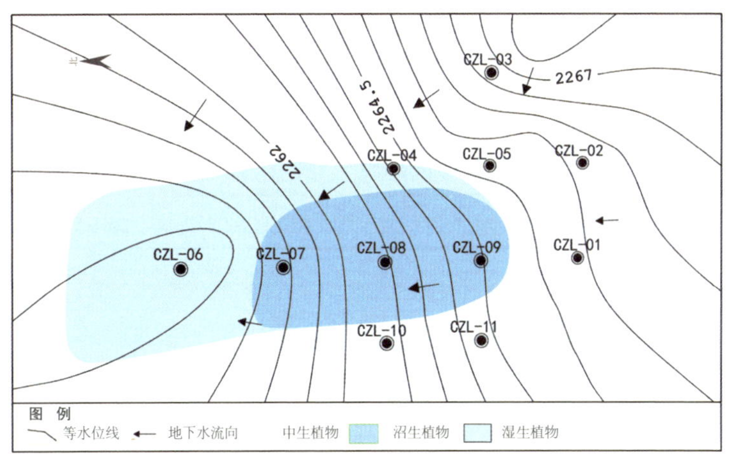

图 3-5-5　槽子梁泥炭地地下水流场图

3. 水文情势指数

排水去路指标，矿体表层和边缘无侵蚀面积 24 882 m²，占比 100%。淹水历时指标，夏季 3 个月以上淹水面积 4 976 m²，占比 20%；夏季 1 个月以上淹水面积 1 492 m²，占比 6%；夏季不淹水面积 18 413 m²，占比 74%。水位深度指标，丰水期地表积水大于 2 cm 面积 2 488 m²，占比 10%；丰水期地表积水 0~2 cm 面积 3 981 m²，占比 16%；丰水期地表无积水面积 18 413 m²，占比 74%。综合计算水文情势指数 59.7。

表 3-5-5　槽子梁水文情势指数计算表

项目	排水去路			淹水历时			水位深度			水文情势指数
权重	0.4			0.3			0.3			
结构类型	矿体表层和边缘无侵蚀面积(D1)	切沟深与长度均达面积一半(D2)	切沟深达基底，纵贯矿床面积(D3)	夏季3个月以上淹水面积(P1)	夏季1个月以上淹水面积(P2)	夏季不淹水面积(P3)	地表积水大于2 cm面积(S1)	地表积水0~2 cm面积(S2)	无地表积水面积(S3)	
分权重	0.6	0.3	0.1	0.6	0.3	0.1	0.6	0.3	0.1	
槽子梁	24 882	0.00	0.00	4 976	1 492	18 413	2 488	3 981	18 413	59.70

4. 泥炭地现状评价

槽子梁泥炭地泥炭化扰动指数 69.7，湿地植被覆盖指数 57.65，湿地水文指数 59.7，泥炭地现状指数计算结果为60.68，综合评价为亚健康泥炭地。

表 3-5-6　泥炭地现状评价指数计算表

地名	泥炭化扰动指数 D	湿地植被覆盖指数 V	湿地水文指数 W	泥炭地现状指数 PSI	现状评价
权重	0.2	0.5	0.3		亚健康泥炭地
槽子梁	69.70	57.65	59.70	60.68	轻度退化泥炭地

5. 水源涵养能力

槽子梁泥炭地调查面积 24 883 m^2，泥炭层平均厚度 1.24 m，孔隙率 54.23%，持水总量 16 732.62 t，单位面积持水量 0.67 t/m^2。

表 3-5-7　宁夏六盘山西麓泥炭区块泥炭层涵养水源能力计算

地名	调查面积/m^2	泥炭层平均厚度/m	孔隙率/%	持水总量/t	单位面积持水量/($t \cdot m^{-2}$)
槽子梁	24 883	1.24	54.23	16 732.62	0.67

6. 碳汇功能

槽子梁泥炭地泥炭干容重 1.14 g/cm^3，总有机碳 6.2%，调查面积 24 883 m^2，泥炭资源量 25 987 m^3，碳储量 1 836.76 t，单位面积碳储量 73.82 kg/m^2，远高于中国草地土壤碳密度 12.227 kg/m^2。

表 3-5-8　宁夏六盘山西麓泥炭区块泥炭层碳储量能力分析

地名	干容重/($g \cdot cm^{-3}$)	总有机碳(烘干)/%	调查面积/m^2	泥炭资源量/m^3	碳储量/t	单位面积储碳/($kg \cdot m^{-2}$)
槽子梁	1.14	6.20	24 883	25 987	1 836.76	73.82

六、裴家后沟

裴家后沟泥炭地形成于一处山间洼地，湿生植物有薄荷、地笋、卵叶扁蕾、节节草、疗齿草、厥麻、魁蓟、车前；沼生植物有：箭叶橐吾；其他类生植物有沙棘、密花香薷、苜蓿、山野豌豆、艾、鼬瓣花等。本地具有区域代表性的植物是地笋、卵叶扁蕾、疗齿草、魁蓟。

图 3-6-1 裴家后沟泥炭地地貌

图 3-6-2 中部植被发育情况

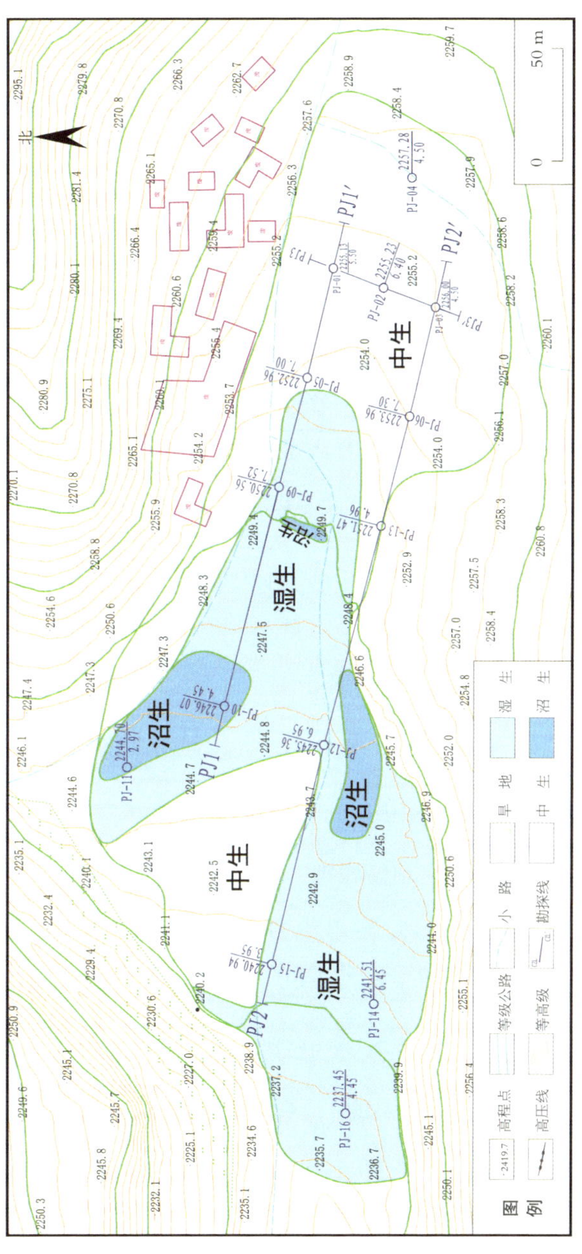

图 3-6-3　裴家后沟泥炭地平面分布图

（一）泥炭地沉积调查

泥炭地调查面积 48 860 m^2，施工钻孔 14 个，见泥炭层 2 层，地层编号为 5−1、5−5 号（图 3−6−4）。

表 3−6−1　泥炭沉积特征表

区块	泥炭地面积/m^2	主要泥炭层数	钻孔数/个	厚度			资源量/m^3
				第一层	第二层	第三层	
裴家后沟	48 860	2	14	0~0.61 0.10	0~0.50 0.07	—	8 306

5−1 号泥炭层全区大部分布，厚度 0~0.61 m，平均 0.10 m。中西部最厚，向两侧变薄（图 3−6−5）。厚度大于 0.50 m 的钻孔有 1 个，埋深 0.60~5.09 m。

5−5 号泥炭层局部分布，主要位于在泥炭地中东部（图 3−6−6），厚度 0~0.50 m，平均 0.07 m。厚度大于 0.5 m 的钻孔有 1 个，埋深 2.70~6.30 m，根据 ^{14}C 年代测试分析结果，该泥炭层形成始于 1 680±30 yr BP。

裴家后沟泥炭地 PJ−06 孔 5−1 号泥炭层颜色呈棕黄色，上部质轻，下部稍重，上部无光泽，下部稍有光泽，结构呈土状。该层泥炭的自然含水量 36.7%，吸湿水 4.47%，干容重 1.22 g/cm^3，纤维含量 14.36%，真密度 2.53。水浸 pH 7.81，盐浸 pH 7.69，酸碱度呈微碱性反应。粗灰分含量占 88.72%，占比较高。有机质含量较高，为 10.78%。腐殖酸含量相对较

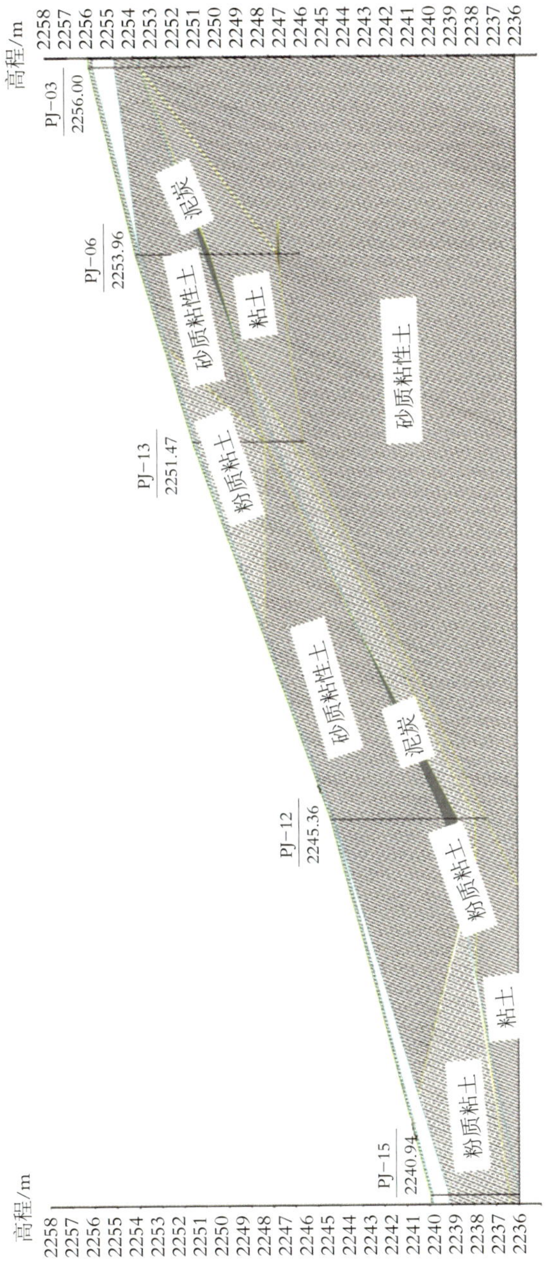

图 3-6-4 裴家后沟 2-2' 勘探线剖面图

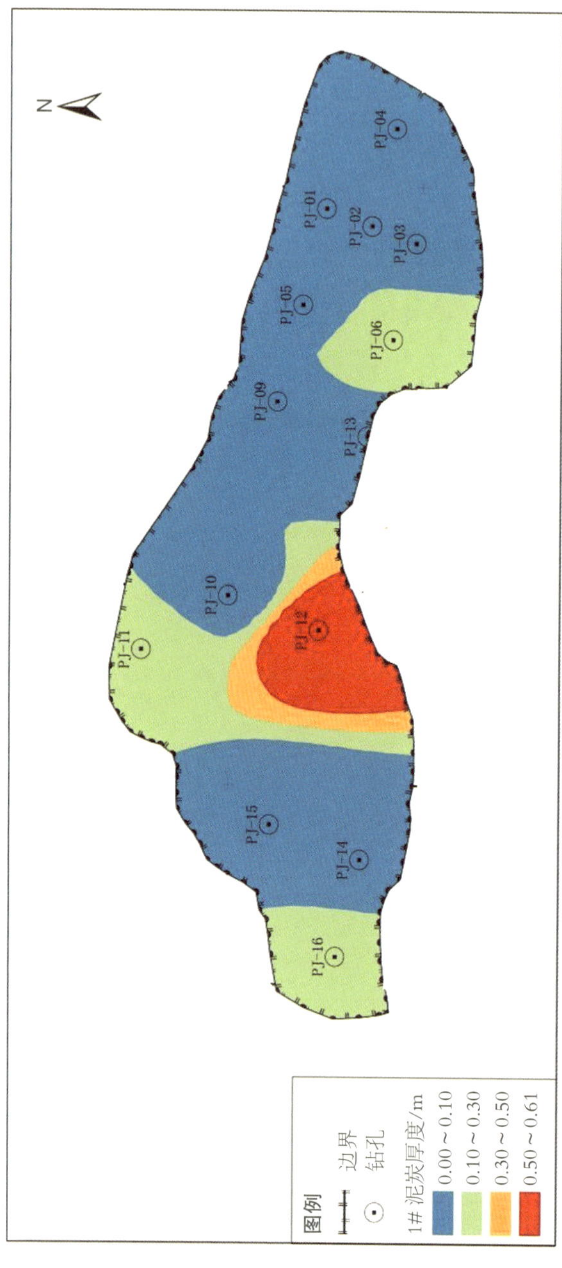

图 3-6-5　裴家后沟 5-1 号泥炭层厚度等值线图

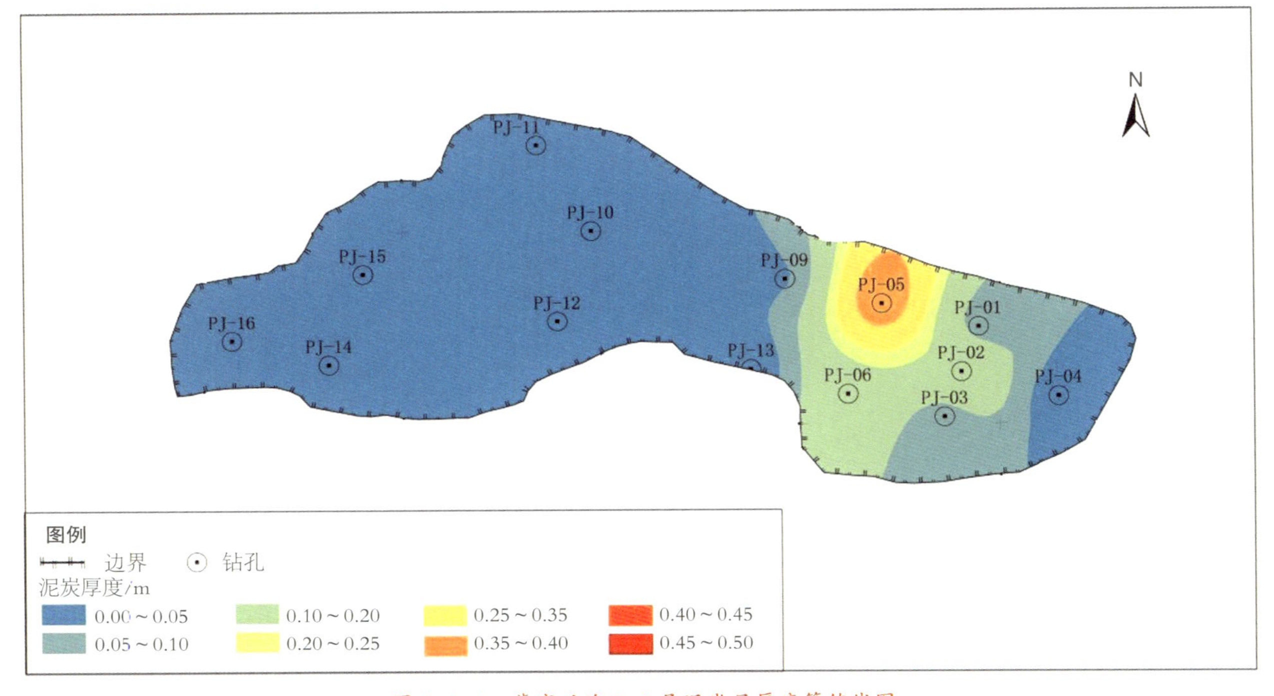

图 3-6-6　裴家后沟 5-5 号泥炭层厚度等值线图

低，为0.24%。泥炭干燥基高位发热量（$Q_{gr,d}$）为1.55 MJ/kg，干燥基低位发热量（$Q_{net,d}$）为1.43 MJ/kg。全硫含量0.87%，全氮含量0.41%，全磷含量0.52%，全钾含量1.08%。

裴家后沟泥炭地PJ-12孔5-1号泥炭层颜色呈棕黄色，质轻，具刺鼻性气味，结构呈纤维状。该层泥炭的自然含水量47.2%，吸湿水6.68%，干容重1.23 g/cm³，纤维含量23.07%，真密度2.41。水浸pH 7.73，盐浸pH 7.64，酸碱度呈微碱性反应。粗灰分含量占81.97%，占比高。有机质含量低，为16.83%。腐殖酸含量相对较低，为0.57%。泥炭干燥基高位发热量（$Q_{gr,d}$）为3.30 MJ/kg，干燥基低位发热量（$Q_{net,d}$）为3.07 MJ/kg。全硫含量1.97%，全氮含量0.61%，全磷含量0.050%，全钾含量0.79%（见表3-6-2）。

表3-6-2　裴家后沟泥炭物理化学性质

钻孔号	PJ-06	PJ-12
钻孔位置	裴家后沟泥炭地东部	裴家后沟泥炭地西部
泥炭层编号	5-1	5-1
取样深度/m	3.20~3.26	5.15~5.22
颜色	棕黄	棕黄
自然含水量/%	36.7	47.2
吸湿水/%	4.47	6.68
干容重/(g·cm^{-3})	1.22	1.23
纤维含量/%	14.36	23.07

续表

钻孔号		PJ-06	PJ-12
真密度		2.53	2.41
pH	水浸	7.81	7.73
	盐浸	7.69	7.64
粗灰分/%		88.72	81.97
有机质/%		10.78	16.83
腐殖酸/%		0.24	0.57
发热量/（MJ·kg^{-1}）	$Q_{b,ad}$	1.56	3.27
	$Q_{gr,d}$	1.55	3.30
	$Q_{net,d}$	1.43	3.07
全硫/%		0.87	1.97
全氮/%		0.41	0.61
全磷/%		0.052	0.050
全钾/%		1.08	0.79

对比 PJ-06 孔、PJ-12 孔 5-1 号泥炭测试数据可知，该泥炭层自西向东：颜色无变化，埋藏深度变浅，自然含水量降低，吸湿水含量降低，干容重变小，纤维含量降低，真密度变大，水浸、盐浸 pH 均变大，粗灰分含量升高，有机质含量降低，腐殖酸含量降低，发热量降低，全硫、全氮含量降低，全磷、全钾含量升高。

（二）泥炭地现状评价

1. 泥炭化扰动指数

裴家后沟泥炭地总面积 48 860 m^2。泥炭化层缺失主要由植被退化导致，面积 24 430 m^2，占比 50%；泥沙掩埋面积 0 m^2；开沟排水影响主要集中在由东至西的中部人工排水沟，面积 19 544 m^2，占比 40%。综合计算湿地植被指数 64（表 3-6-3）。

表 3-6-3　裴家后沟泥炭化扰动指数计算表

项目	泥炭化层缺失	泥沙掩埋	人类活动			扰动化指数
权重	0.6	0.1	0.3			
扰动类型			开沟排水	放牧	开采活动	
分权重			0.5	0.3	0.2	
裴家后沟	24 430	0.00	19 544	0.00	0.00	64.00

2. 湿地植被指数

沼生植物群落 3 165 m^2，占比 6%；湿生植物群落 21 410 m^2，占比 44%；中生植物群落 24 284 m^2，占比 50%。综合计算湿地植被指数 52.26。

表 3-6-4　裴家后沟湿地植被指数计算表

植被类型	水生植物群落	沼生植物群落	湿生植物群落	中生植物群落	旱生植物群落	湿地植被指数
类型权重	0.3	0.3	0.2	0.1	0.1	
裴家后沟	0.00	3 165	21 410	24 284	0.00	52.26

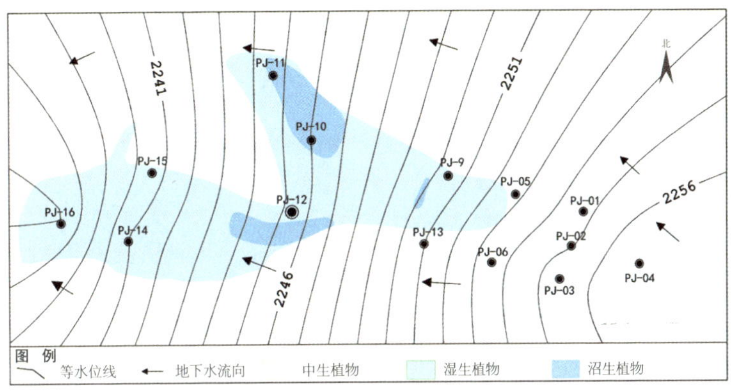

图 3-6-7　裴家后沟泥炭地地下水流场图

3. 水文情势指数

排水去路指标，矿体表层和边缘无侵蚀面积 48 860 m²，占比 100%。淹水历时指标，夏季 3 个月以上淹水面积 0 m²，占比0%；夏季 1 个月以上淹水面积 2 931 m²，占比 6%；夏季

表 3-6-5　裴家后沟水文情势指数计算表

项目	排水去路			淹水历时			水位深度			水文情势指数
权重	0.4			0.3			0.3			
结构类型	矿体表层和边缘无侵蚀面积(D1)	切沟深与长度均达面积一半(D2)	切沟深达基底，纵贯矿床面积(D3)	夏季3个月以上淹水面积(P1)	夏季1个月以上淹水面积(P2)	夏季不淹水面积(P3)	地表积水大于2 cm面积(S1)	地表积水0~2 cm面积(S2)	无地表积水面积(S3)	
分权重	0.6	0.3	0.1	0.6	0.3	0.1	0.6	0.3	0.1	
裴家后沟	48 860	0.00	0.00	0.00	2 931	45 928	0.00	2 931	45 928	59.20

不淹水面积 45 928 m²，占比 94%。水位深度指标，丰水期地表积水 0~2 cm 面积 2 931 m²，占比 6%；丰水期地表无积水面积 45 928 m²，占比 94%。综合计算水文情势指数 51.2。

4. 泥炭地现状评价

裴家后沟泥炭地泥炭化扰动指数 64，湿地植被覆盖指数 52.26，湿地水文指数 51.2，泥炭地现状指数计算结果 54.29，综合评价为轻度退化泥炭地。

表 3-6-6　泥炭地现状评价指数计算表

地名	泥炭化扰动指数 D	湿地植被覆盖指数 V	湿地水文指数 W	泥炭地现状指数 PSI	现状评价
权重	0.2	0.5	0.3		
裴家后沟	64.00	52.26	51.20	54.29	亚健康泥炭地

5. 水源涵养能力

裴家后沟泥炭地调查面积 48 860 m²，泥炭层平均厚度 0.17 m，孔隙率 50.64%，持水总量 4 206.26 t，单位面积持水量 0.09 t/m²。

表 3-6-7　宁夏六盘山西麓泥炭区块泥炭层涵养水源能力计算

地名	调查面积/m²	泥炭层平均厚度/m	孔隙率/%	持水总量/t	单位面积持水量/(t·m⁻²)
裴家后沟	48860	0.17	50.64	4206.26	0.09

6. 碳汇功能

裴家后沟泥炭地泥炭干容重 1.23 g/cm³，总有机碳 5.78%，调查面积 48 860 m²，泥炭资源量 8 306 m³，碳储量 590.51 t，单位面积碳储量 12.09 kg/m²，低于中国草地土壤碳密度 12.227 kg/m²。

表 3-6-8　宁夏六盘山西麓泥炭区块泥炭层碳储量能力分析

地名	干容重/(g·cm⁻³)	总有机碳(烘干)/%	调查面积/m²	泥炭资源量/m³	碳储量/t	单位面积储碳/(kg·m⁻²)
裴家后沟	1.14	6.20	24 883	25 987	1 836.76	73.82

七、姚套

姚套泥炭地形成于一处山前坡地，湿生植物有圆柱披碱

图 3-7-1　姚套泥炭地地貌

图 3-7-2　西部湿生植被发育情况

草、长叶火绒草；沼生植物有葫芦藓、箭叶橐吾；其他类生植物有刺儿菜、野艾蒿、波叶大黄、艾、苍耳等。本地具有区域代表性的植物是圆柱披碱草、长叶火绒草等。

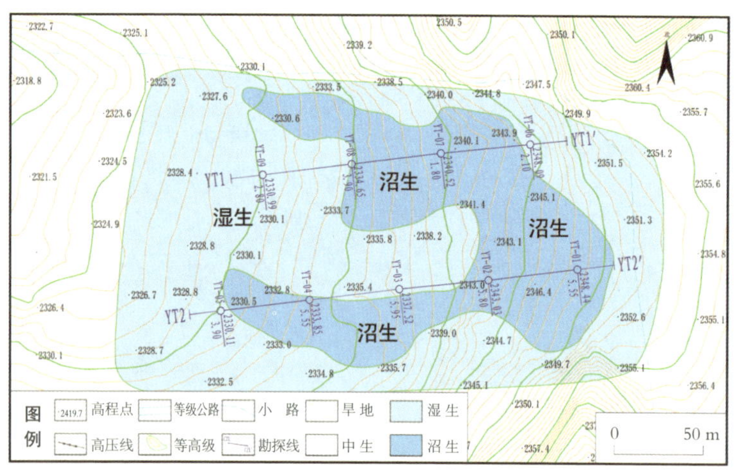

图 3-7-3　姚套泥炭地平面分布图

（一）泥炭地沉积调查

泥炭地调查面积 47 150 m²，施工钻孔 9 个，见泥炭层 7 层，地层编号为 3、6、9、12、15、18、20 号，较稳定泥炭层有 3 层：3、6、12 号（图 3-7-4）。

表 3-7-1　泥炭沉积特征表

区块	泥炭地面积/m²	主要泥炭层数	钻孔数/个	厚度			资源量/m³
				第一层	第二层	第三层	
姚套	47 150	3	9	0.07~1.05 0.49	0~0.40 0.11	0~0.40 0.11	33 267

3 号泥炭层全区分布，厚度 0.07~1.05 m，平均 0.49 m。南部厚、北部薄（图 3-7-5），厚度大于 0.50 m 的钻孔有 5 个，埋深 0.20~0.85 m。

6 号泥炭层全区大部分布，厚度 0~0.40 m，平均厚度 0.11 m。东部、西北厚，中部、南部缺失（图 3-7-6），厚度均小于 0.50 m，埋深 0.45~1.85 m。

12 号泥炭层全区大部分布，厚度 0~0.40 m，平均 0.11 m。钻孔见泥炭层，厚度均小于 0.50 m。东西厚、中部薄（图 3-7-7），埋深 1.00~4.25 m。

最下部泥炭层在 YT-01 钻孔 4.75 m 深度处。根据 ^{14}C 年代测试结果，该泥炭层形成始于 2 930±30 yr BP。

姚套泥炭地 18 号泥炭层颜色呈棕黄色，质轻，无光泽，结构呈纤维状。该层泥炭的自然含水量 46.5%，吸湿水 7.04%，

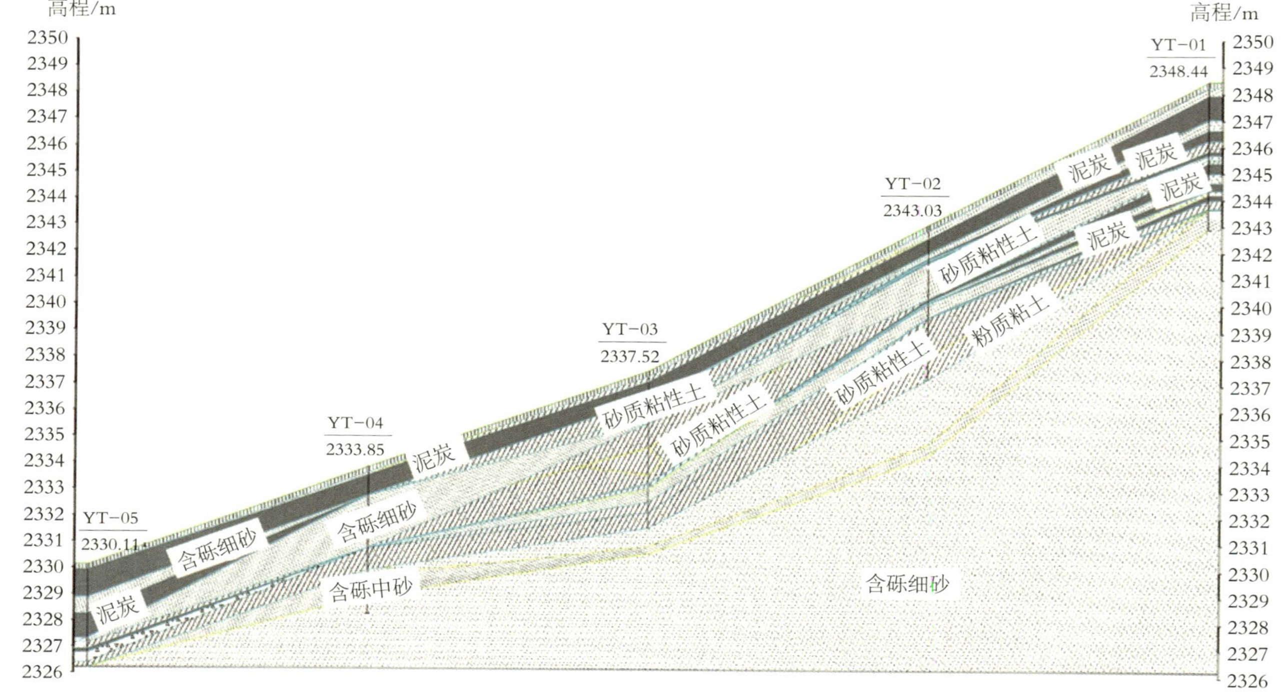

图 3-7-4　姚套 2-2' 勘探线剖面图

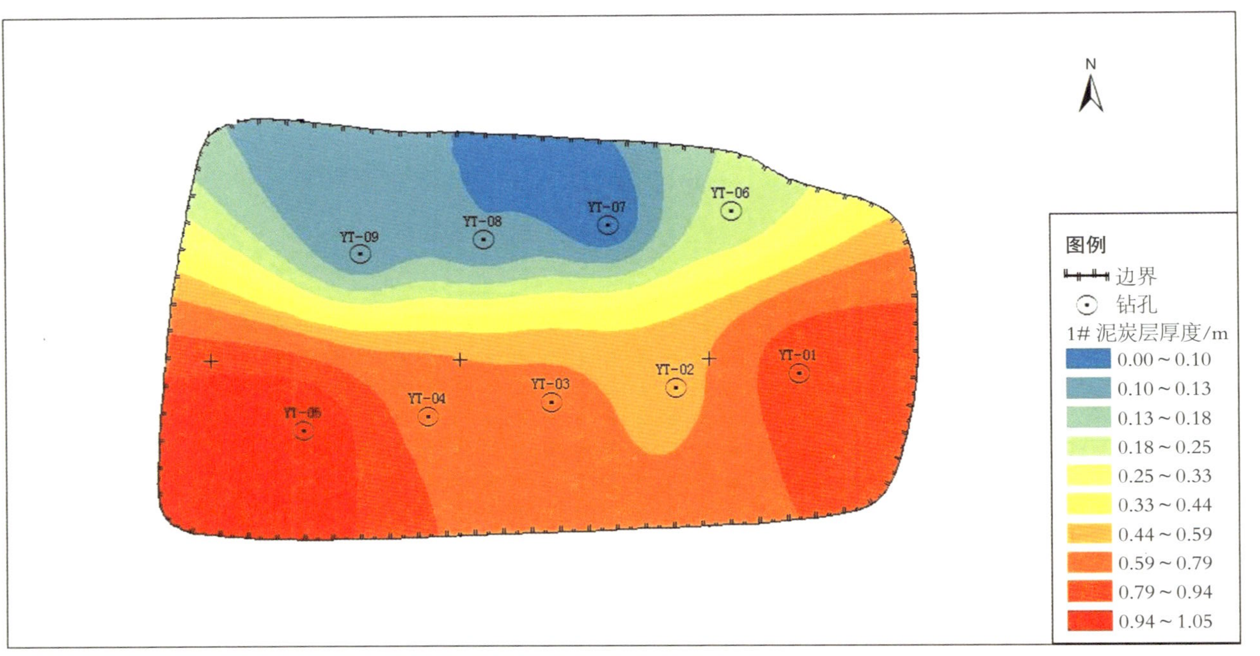

图 3-7-5　姚套 3 号泥炭层厚度等值线图

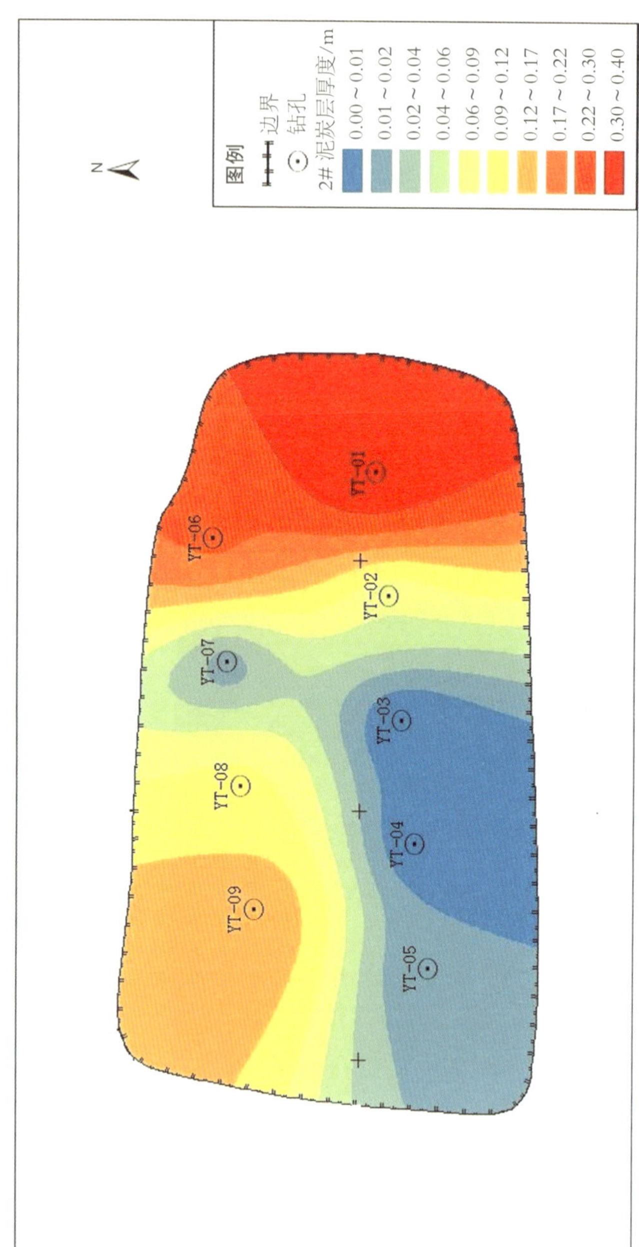

图 3-7-6 姚套 6 号泥炭层厚度等值线图

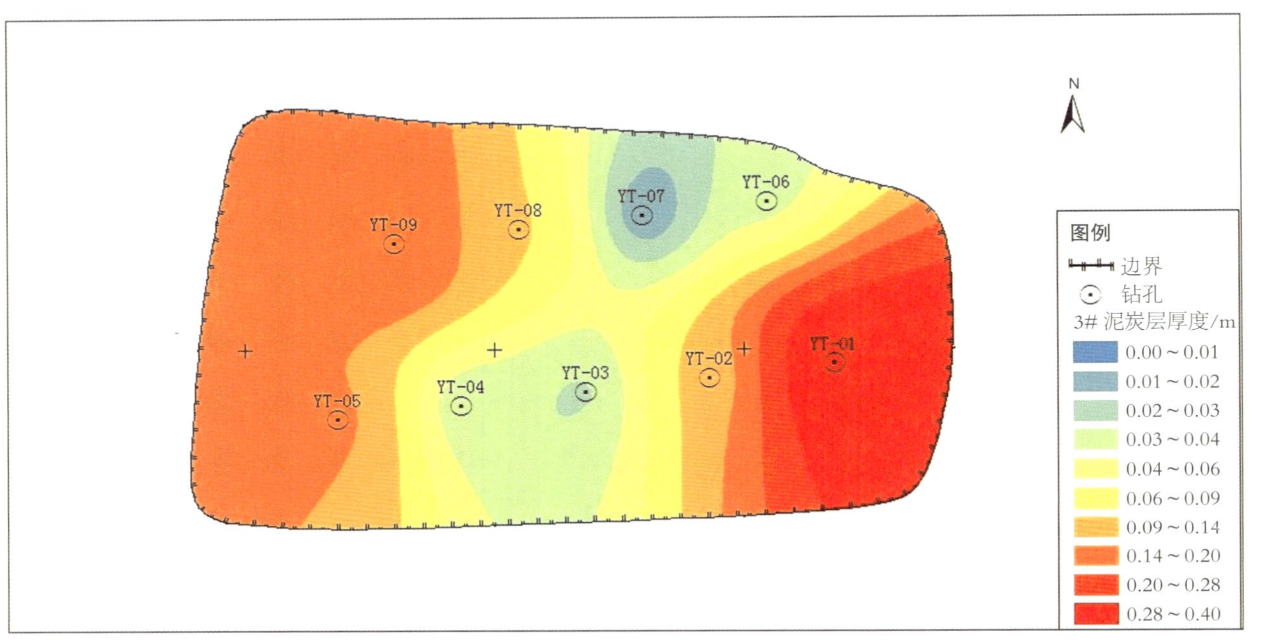

图 3-7-7　姚套 12 号泥炭层厚度等值线图

干容重 1.00 g/cm^3，纤维含量 15.78%，真密度 2.24。水浸 pH 7.22，盐浸 pH 7.05，酸碱度呈微碱性反应。粗灰分含量占 79.59%，占比较高。有机质含量较低，为 18.97%。腐殖酸含量相对较低，为 0.76%。泥炭干燥基高位发热量（$Q_{gr,d}$）为 4.26 MJ/kg，干燥基低位发热量（$Q_{net,d}$）为 4.03 MJ/kg。全硫含量 1.84%，全氮含量 0.77%，全磷含量 0.055%，全钾含量 1.45%。

（二）泥炭地现状评价

1. 泥炭化扰动指数

姚套泥炭地总面积 47 149 m^2。泥炭化层缺失面积 0 m^2；泥沙掩埋面积 0 m^2；中西部有人工排水沟，影响面积 14 144 m^2，占比 30%。综合计算湿地植被指数 95.5（表 3-7-2）。

表 3-7-2　姚套泥炭化扰动指数计算表

项目	泥炭化层缺失	泥沙掩埋	人类活动			扰动化指数
权重	0.6	0.1	0.3			
扰动类型			开沟排水	放牧	开采活动	
分权重			0.5	0.3	0.2	
姚套	0.00	0.00	14 144	0.00	0.00	95.50

2. 湿地植被指数

沼生植物群落 15 346 m^2，占比 33%；湿生植物群落 31 803 m^2，占比 67%。综合计算湿地植被指数 77.52。

表 3-7-3　姚套湿地植被指数计算表

植被类型	水生植物群落	沼生植物群落	湿生植物群落	中生植物群落	旱生植物群落	湿地植被指数
类型权重	0.3	0.3	0.2	0.1	0.1	
裴家后沟	0.00	15 346	31 803	0.00	0.00	77.52

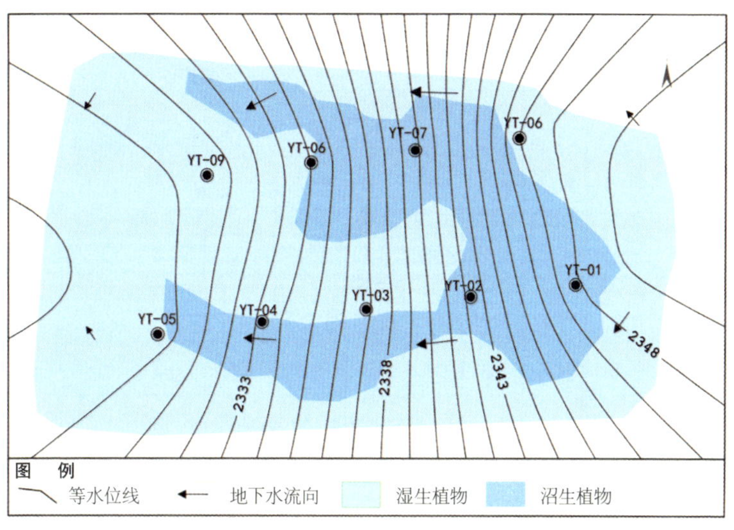

图 3-7-8　姚套泥炭地地下水流场图

3. 水文情势指数

排水去路指标，矿体表层和边缘无侵蚀面积 33 004 m²，占比 70%；切沟深与长度均达面积一半区域集中在泥炭地中西部排水沟附近，面积 14 144 m²，占比 30%。淹水历时指标，夏季 3 个月以上淹水面积 9 429 m²，占比 20%；夏季 1 个月以上淹水面积 6 129 m²，占比 13%；夏季不淹水面积 31 590 m²，占比67%。水位深度指标，丰水期地表积水大于 2 cm 面积 7 072 m²，占比 15%；丰水期地表积水 0~2 cm 面积 8 486 m²，占比 18%；丰水期地表无积水面积 31 590 m²，占比 67%。综合计算水文情势指数 55.85。

表 3-7-4　姚套水文情势指数计算表

项目	排水去路			淹水历时			水位深度			水文情势指数
权重	0.4			0.3			0.3			
结构类型	矿体表层和边缘无侵蚀面积（D1）	切沟深与长度均达面积一半（D2）	切沟深达基底，纵贯矿床面积（D3）	夏季3个月以上淹水面积（P1）	夏季1个月以上淹水面积（P2）	夏季不淹水面积（P3）	地表积水大于2 cm面积（S1）	地表积水0~2 cm面积（S2）	无地表积水面积（S3）	
分权重	0.6	0.3	0.1	0.6	0.3	0.1	0.6	0.3	0.1	
姚套	33 004	14 144	0.00	9 429	6 129	31 590	7 072	8 486	31 590	55.85

4. 泥炭地现状评价

姚套泥炭地泥炭化扰动指数 95.5，湿地植被覆盖指数 77.52，湿地水文指数 55.85，泥炭地现状指数计算结果 74.61，综合评价为亚健康泥炭地。

表 3-7-5　泥炭地现状评价指数计算表

地名	泥炭化扰动指数 D	湿地植被覆盖指数 V	湿地水文指数 W	泥炭地现状指数 PSI	现状评价
权重	0.2	0.5	0.3		
姚套	95.50	77.52	55.85	74.61	亚健康泥炭地

5. 水源涵养能力

姚套泥炭地调查面积 47 150 m^2，泥炭层平均厚度 0.6 m，孔隙率 54.6%，持水总量 15 446.34 t，单位面积持水量 0.33 t/m^2。

表 3-7-6 宁夏六盘山西麓泥炭区块泥炭层涵养水源能力计算

地名	调查面积/m^2	泥炭层平均厚度/m	孔隙率/%	持水总量/t	单位面积持水量/($t·m^{-2}$)
姚套	47 150	0.60	54.60	15 446.34	0.33

6. 碳汇功能

姚套泥炭地泥炭干容重 1 g/cm^3，总有机碳 9.64%，调查面积 47 150 m^2，泥炭资源量 33 267 m^3，碳储量 3 206.94 t，单位面积碳储量 68.02 kg/m^2，高于中国草地土壤碳密度 12.227 kg/m^2。

表 3-7-7 宁夏六盘山西麓泥炭区块泥炭层碳储量能力分析

地名	干容重/($g·cm^{-3}$)	总有机碳(烘干)/%	调查面积/m^2	泥炭资源量/m^3	碳储量/t	单位面积储碳/($kg·m^{-2}$)
姚套	1.00	9.64	47 150	33 267	3 206.94	68.02

八、青稞湾

青稞湾泥炭地形成于一处山间洼地，湿生植物有蕨麻、日本毛连菜、芦苇、车前、苣荬菜；沼生植物有粗喙苔草等；其他类生植物有野燕麦、苦荬菜、苜蓿、绢茸火绒草龙葵等。本地具有区域代表性的植物是车前、糙喙苔草、绢茸火绒草、猪殃殃、小红菊、龙葵等。

图 3-8-1　青稞湾泥炭地地貌

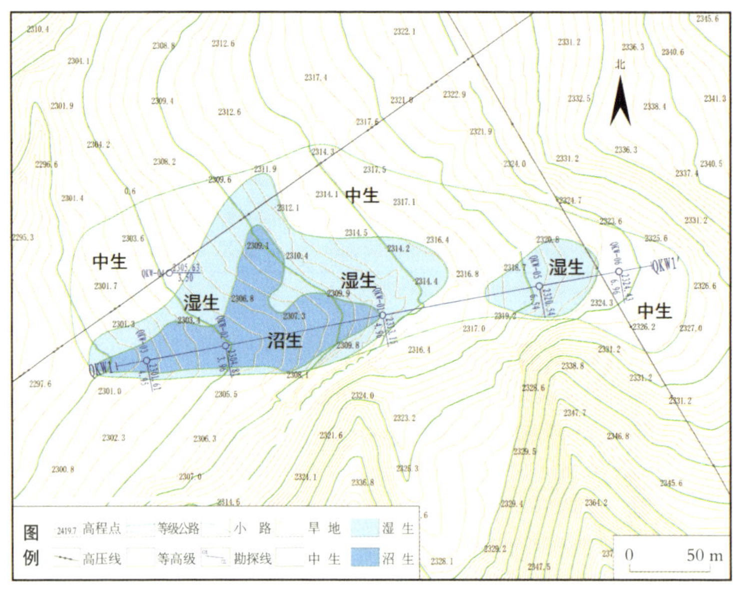

图 3-8-2　青稞湾泥炭地平面分布图

（一）泥炭地沉积调查

泥炭地调查面积 37 104 m^2，施工钻孔 6 个，见泥炭层 2 层，地层编号为 4、6 号，均为较稳定泥炭层。

表 3-8-1　泥炭沉积特征表

区块	泥炭地面积/m^2	主要泥炭层数	钻孔数/个	厚度			资源量/m^3
				第一层	第二层	第三层	
青稞湾	37 104	2	6	$\frac{0.08\sim0.59}{0.43}$	$\frac{0\sim1.01}{0.36}$	—	29 127

4 号泥炭层全区分布，厚度 0.08~0.59 m，平均 0.43 m，厚度大于 0.50 m 的钻孔有 3 个。南部厚、北部薄（图 3-8-4），埋深 0.95~5.63 m。

6 号泥炭层全区大部分布，厚度 0~1.01 m，平均 0.36 m，厚度大于 0.50 m 的钻孔有 2 个。西部厚、东部薄（图 3-8-5），埋深 1.50~3.26 m。

最下部泥炭层在 QKW-05 钻孔 4.97 m 深度处，与粘土互层。根据 ^{14}C 年代测试结果，该泥炭层形成始于 12 270±40 yr BP。

青稞湾泥炭地 4 号泥炭层颜色呈褐色，质轻，无光泽，结构呈纤维状，含云母星点及少量贝壳类化石。该层泥炭的自然含水量 47.1%，吸湿水 8.12%，干容重 1.12 g/cm^3，纤维含量 14.44%，真密度 2.46。水浸 pH 7.90，盐浸 pH 7.77，酸碱度呈微碱性反应。粗灰分含量占 83.30%，占比较高。有机质含量

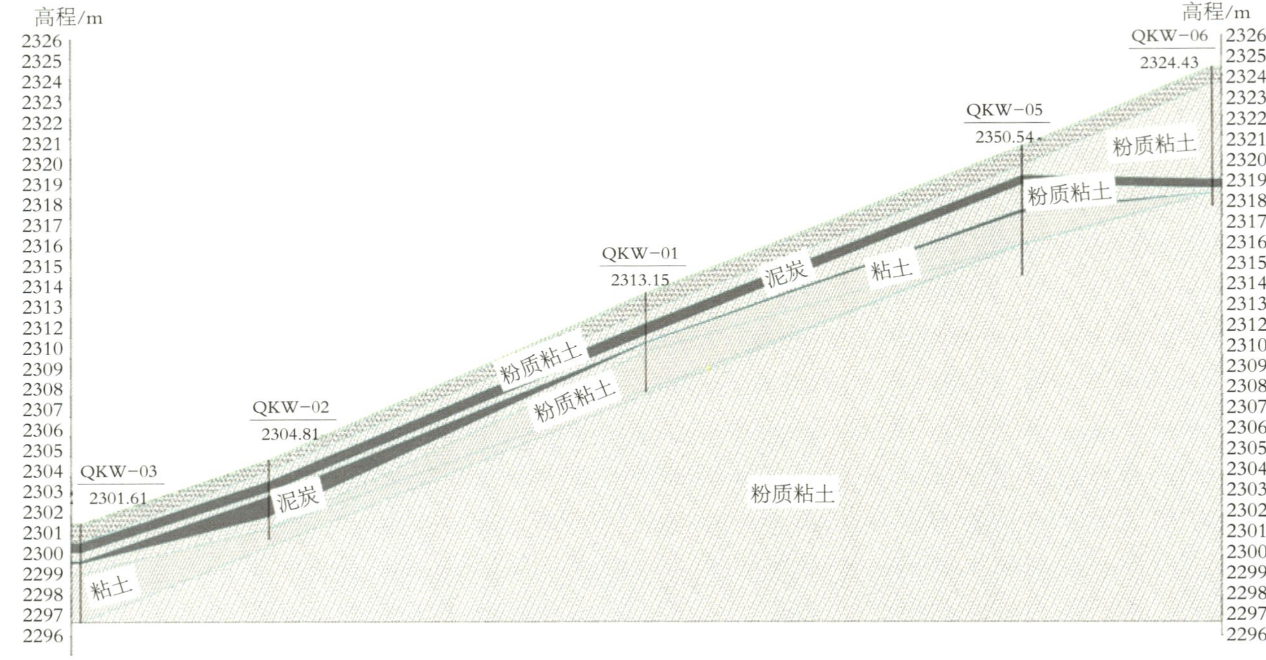

图 3-8-3 青稞湾 1-1' 勘探线剖面图

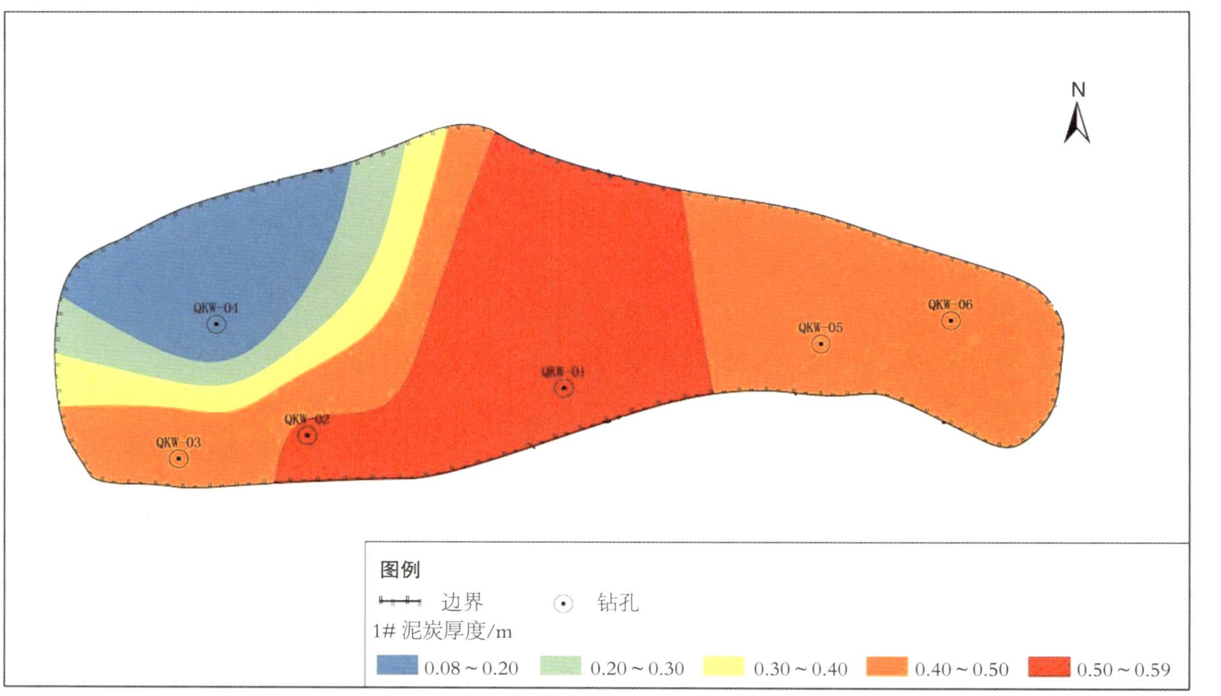

图 3-8-4　青棵湾 4 号泥炭层厚度等值线图

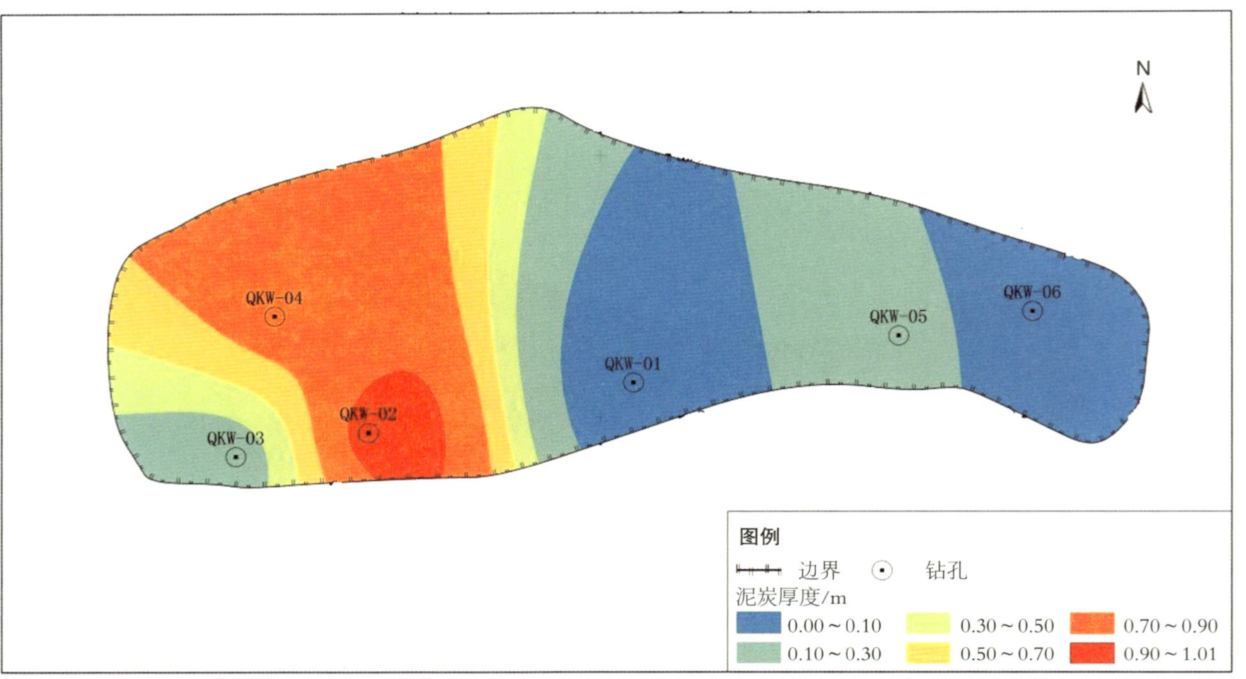

图 3-8-5　青棵湾 6 号泥炭层厚度等值线图

较低，为 15.34%。腐殖酸含量相对较低，为 0.54%。泥炭干燥基高位发热量（$Q_{gr,d}$）为 2.78 MJ/kg，干燥基低位发热量（$Q_{net,d}$）为 2.57 MJ/kg。全硫含量 1.06%，全氮含量0.63%，全磷含量 0.067%，全钾含量 1.07%。本区域泥炭层样品泥质含量普遍较高，但外观差异不大，性质较为稳定。

（二）泥炭地现状评价

1. 泥炭化扰动指数

青稞湾泥炭地总面积 37 103 m²。泥炭化层缺失主要由植被退化导致，面积 20 035 m²，占比 54%；泥沙掩埋面积 0 m²。综合计算湿地植被指数 67.6（表 3–8–2）。

表 3–8–2 青稞湾泥炭化扰动指数计算表

<table>
<tr><td>项目</td><td>泥炭化层缺失</td><td>泥沙掩埋</td><td colspan="3">人类活动</td><td rowspan="4">扰动化指数</td></tr>
<tr><td>权重</td><td>0.6</td><td>0.1</td><td colspan="3">0.3</td></tr>
<tr><td>扰动类型</td><td></td><td></td><td>开沟排水</td><td>放牧</td><td>开采活动</td></tr>
<tr><td>分权重</td><td></td><td></td><td>0.5</td><td>0.3</td><td>0.2</td></tr>
<tr><td>青稞湾</td><td>20 035</td><td>0.00</td><td>0.00</td><td>0.00</td><td>0.00</td><td>67.60</td></tr>
</table>

2. 湿地植被指数

沼生植物群落 6 002 m²，占比 16%；湿生植物群落 11 243 m²，占比 30%；中生植物群落 19 858 m²，占比 54%。综合计算湿地植被指数 54.22。

表 3-8-3　青稞湾湿地植被指数计算表

植被类型	水生植物群落	沼生植物群落	湿生植物群落	中生植物群落	旱生植物群落	湿地植被指数
类型权重	0.3	0.3	0.2	0.1	0.1	
青稞湾	0.00	6 002	11 243	19 858	0.00	54.22

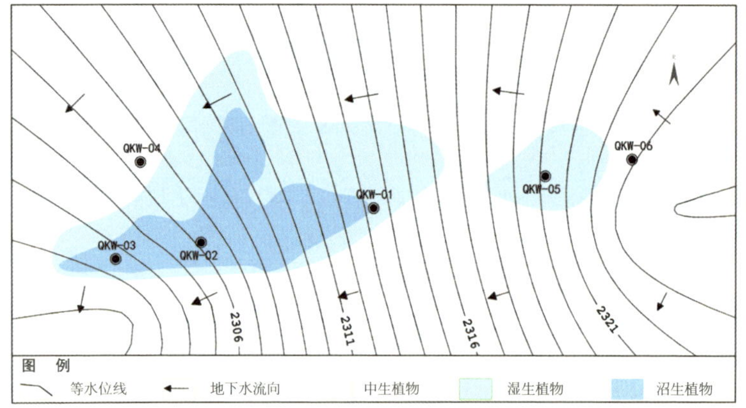

图 3-8-6　青稞湾泥炭地地下水流场图

3. 水文情势指数

排水去路指标，矿体表层和边缘无侵蚀面积 37 103 m^2，占比 100%。淹水历时指标，夏季 3 个月以上淹水面积 3 710 m^2，占比 10%；夏季 1 个月以上淹水面积 2 226 m^2，占比 6%；夏季不淹水面积 31 166 m^2，占比 84%。水位深度指标，丰水期地表积水大于 2 cm 面积 5 565 m^2，占比 15%；丰水期地表积水 0~2 cm 面积 371 m^2，占比 1%；丰水期地表无积水面积 31 166 m^2，占比 84%。综合计算水文情势指数 56.95。

表 3-8-4　青稞湾水文情势指数计算表

项目	排水去路			淹水历时			水位深度			水文情势指数
权重	0.4			0.3			0.3			
结构类型	矿体表层和边缘无侵蚀面积(D1)	切沟深与长度均达面积一半(D2)	切沟深达基底，纵贯矿床面积(D3)	夏季3个月以上淹水面积(P1)	夏季1个月以上淹水面积(P2)	夏季不淹水面积(P3)	地表积水大于2 cm面积(S1)	地表积水0~2 cm面积(S2)	无地表积水面积(S3)	
分权重	0.6	0.3	0.1	0.6	0.3	0.1	0.6	0.3	0.1	
青稞湾	37 103	0.00	0.00	3 710	2 226	31 166	5 565	371	31 166	56.95

4. 泥炭地现状评价

青稞湾泥炭地泥炭化扰动指数 67.6，湿地植被覆盖指数 54.22，湿地水文指数 56.95，泥炭地现状指数计算结果为57.71，综合评价为亚健康泥炭地。

表 3-8-5　泥炭地现状评价指数计算表

地名	泥炭化扰动指数 D	湿地植被覆盖指数 V	湿地水文指数 W	泥炭地现状指数 PSI	现状评价
权重	0.2	0.5	0.3		
青稞湾	67.60	54.22	56.95	57.71	健康泥炭地

5. 水源涵养能力

青稞湾泥炭地调查面积 37 104 m^2，泥炭层平均厚度 0.79 m，孔隙率 55.58%，持水总量 16 291.7 t，单位面积持水量 0.44 t/m²。

表 3-8-6　宁夏六盘山西麓泥炭区块泥炭层涵养水源能力计算

地名	调查面积/ m^2	泥炭层平均厚度/m	孔隙率/ %	持水总量/ t	单位面积持水量/(t·m^{-2})
青稞湾	37 104	0.79	55.58	16 291.70	0.44

6. 碳汇功能

青稞湾泥炭地泥炭干容重 1.12 g/cm³，总有机碳 6.64%，调查面积 37 104 m²，泥炭资源量 29 127 m³，碳储量 2 166.12 t，单位面积碳储量 58.38 kg/m²，高于中国草地土壤碳密度 12.227 kg/m²。

表 3-8-7　宁夏六盘山西麓泥炭区块泥炭层碳储量能力分析

地名	干容重/ (g·cm^{-3})	总有机碳(烘干) / %	调查面积/m^2	泥炭资源量/m^3	碳储量/ t	单位面积储碳/ (kg·m^{-2})
青稞湾	1.12	6.64	37 104	29 127	2 166.12	58.38

九、台子沟

台子沟泥炭地形成于一处山间洼地，湿生植物有书带薹草、节节草、车前；沼生植物有箭叶橐吾、泥炭藓；其他类生植物有野燕麦、草木樨、野艾蒿等。

图 3-9-1　台子沟泥炭地地貌

（一）泥炭地沉积调查

泥炭地调查面积 23 086 m^2，施工钻孔有 7 个，见泥炭层有 2 层，地层编号为 3、5-2 号，3 号泥炭层较稳定（图 3-9-3）。

表 3-9-1　泥炭沉积特征表

<table>
<tr><th rowspan="2">区块</th><th rowspan="2">泥炭地面积/m^2</th><th rowspan="2">主要泥炭层数</th><th rowspan="2">钻孔数/个</th><th colspan="3">厚度</th><th rowspan="2">资源量/m^3</th></tr>
<tr><th>第一层</th><th>第二层</th><th>第三层</th></tr>
<tr><td>台子沟</td><td>23086</td><td>1</td><td>6</td><td>$\frac{0\sim1.49}{0.37}$</td><td>—</td><td>—</td><td>8 641</td></tr>
</table>

3 号泥炭层全区大部分布，厚度 0~1.49 m，平均 0.37 m，厚度大于 0.50 m 的钻孔有 2 个。南部厚、北部薄（图 3-9-

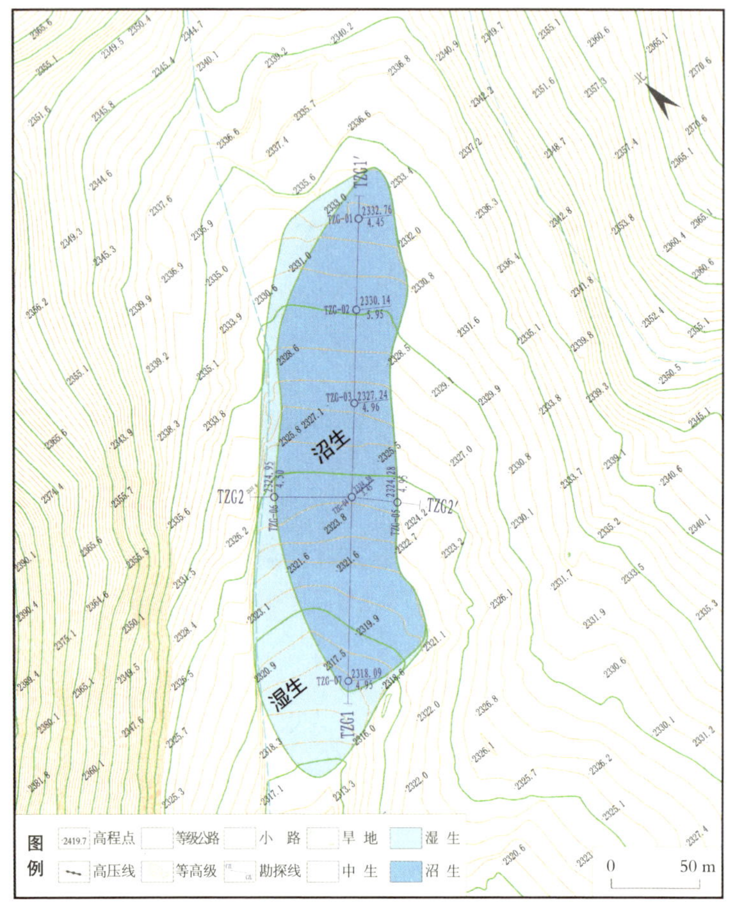

图 3-9-2　台子沟泥炭地平面分布图

4），埋深 1.41~3.44 m。

最下部泥炭层在 TZG-05 钻孔 3.90~4.25 m 深度处，地层编号为 5-2 号。根据 ^{14}C 年代测试结果，该泥炭层形成始于 2 980±30 yr BP。

台子沟泥炭地 3 号泥炭层颜色呈棕黄色，质轻，无光泽，

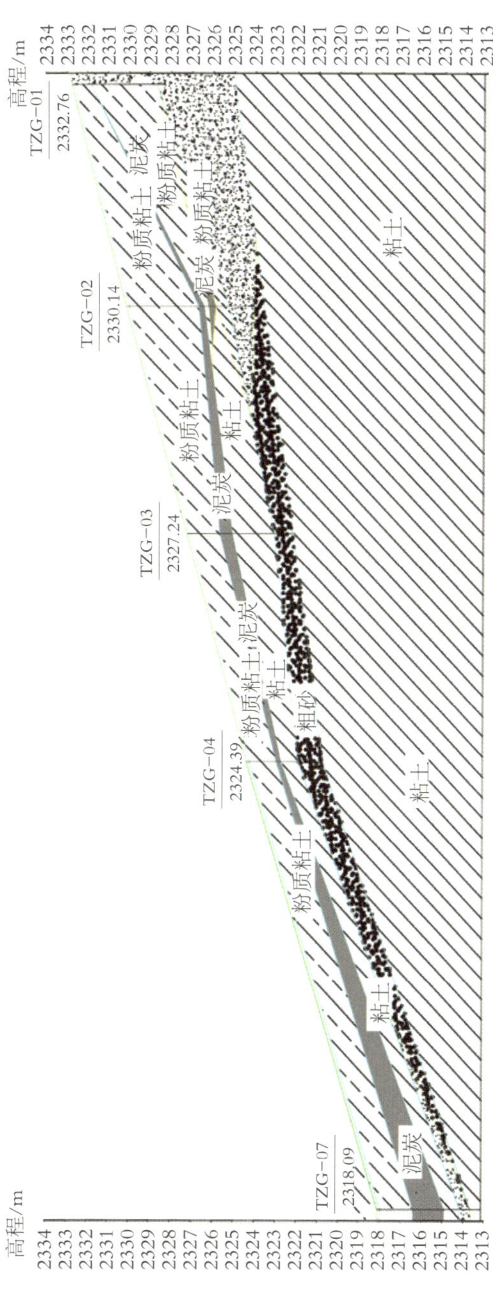

图 3-9-3　台子沟 1-1' 勘探线剖面图

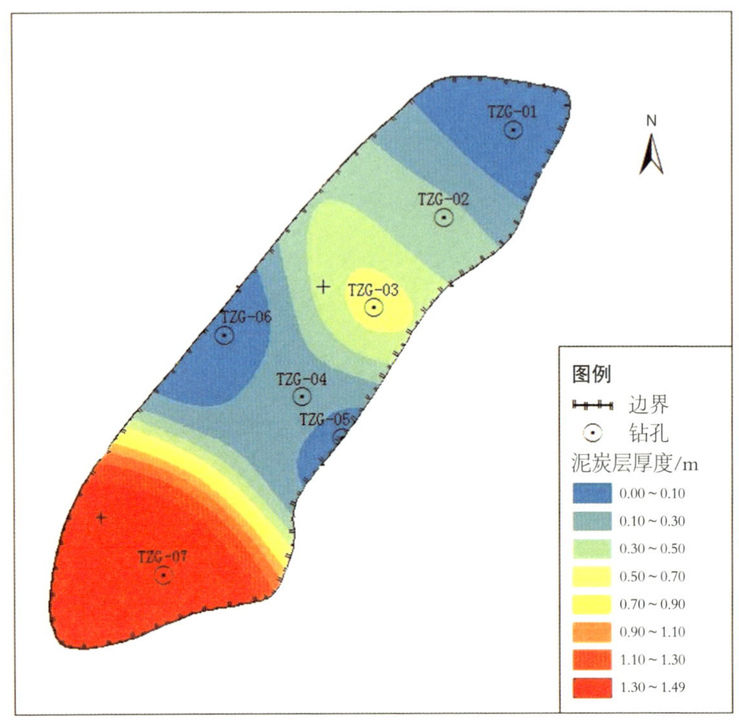

图 3-9-4　台子沟 3 号泥炭层厚度等值线图

有刺鼻性气味，结构呈纤维状。该层泥炭的自然含水量 47.5%，吸湿水 8.42%，干容重 0.92 g/cm³，纤维含量 37.63%，真密度 2.20。水浸 pH 7.35，盐浸 pH 7.17，酸碱度呈微碱性反应。粗灰分含量占 72.09%，占比较高。有机质含量较高，为 25.56%。腐殖酸含量相对较低，为 0.70%。泥炭干燥基高位发热量（$Q_{gr,d}$）为 6.07 MJ/kg，干燥基低位发热量（$Q_{net,d}$）为 5.75 MJ/kg。全硫含量 1.28%，全氮含量 1.27%，全磷含量 0.063%，全钾含量 1.31%。从各孔样品外观判断，台子沟东部泥炭层与测试样品基本一致，中部区域泥炭泥质含量明显较高，推测中部泥炭层有机质含量低，灰分高。

（二）泥炭地现状评价

1. 泥炭化扰动指数

台子沟泥炭地总面积 23 086 m²。泥炭化层缺失面积 0 m²；泥沙掩埋面积 0 m²。综合计算湿地植被指数 100（表 3–9–2）。

表 3–9–2　台子沟泥炭化扰动指数计算表

项目	泥炭化层缺失	泥沙掩埋	人类活动			扰动化指数
权重	0.6	0.1	0.3			
扰动类型			开沟排水	放牧	开采活动	
分权重			0.5	0.3	0.2	
青稞湾	0.00	0.00	0.00	0.00	0.00	100.00

2. 湿地植被指数

沼生植物群落 16 013 m²，占比 69%；湿生植物群落 7 073 m²，占比 31%。综合计算湿地植被指数 89.79。

表 3–9–3　台子沟湿地植被指数计算表

植被类型	水生植物群落	沼生植物群落	湿生植物群落	中生植物群落	旱生植物群落	湿地植被指数
类型权重	0.3	0.3	0.2	0.1	0.1	
青稞湾	0.00	16 013	7 073	0.00	0.00	89.79

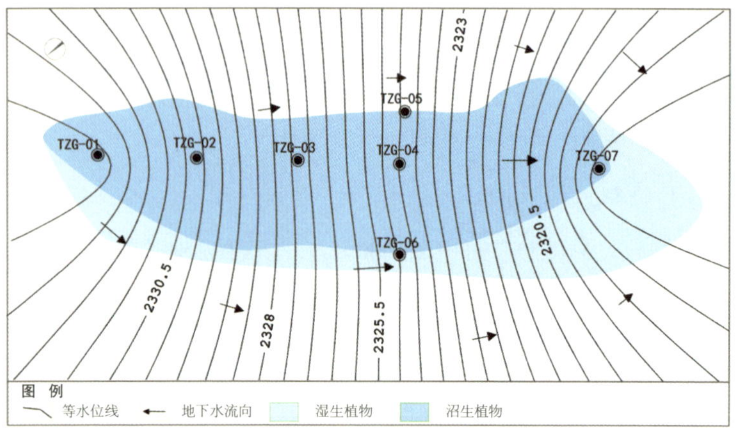

图 3-9-5　台子沟泥炭地地下水流场图

3. 水文情势指数

台子沟泥炭地总面积 23 086 m²。排水去路指标，矿体表层和边缘无侵蚀面积 18 468 m²，占比 80%；切沟深达基底纵

表 3-9-4　台子沟水文情势指数计算表

项目	排水去路			淹水历时			水位深度			水文情势指数
权重	0.4			0.3			0.3			
结构类型	矿体表层和边缘无侵蚀面积(D1)	切沟深与长度均达面积一半(D2)	切沟深达基底，纵贯矿床面积(D3)	夏季3个月以上淹水面积(P1)	夏季1个月以上淹水面积(P2)	夏季不淹水面积(P3)	地表积水大于2 cm面积(S1)	地表积水0~2 cm面积(S2)	无地表积水面积(S3)	
分权重	0.6	0.3	0.1	0.6	0.3	0.1	0.6	0.3	0.1	
台子沟	18 468	0.00	4 617	6 925	9 003	7 156	4 617	11 312	7 156	64.63

贯矿床集中在泥炭地南部边缘冲沟附近，面积 4 617 m²，占比 20%。淹水历时指标，夏季 3 个月以上淹水面积 6 925 m²，占比 30%；夏季 1 个月以上淹水面积 9 003 m²，占比 39%；夏季不淹水面积 7 156 m²，占比 31%。水位深度指标，丰水期地表积水大于 2 cm 面积 4 617 m²，占比 20%；丰水期地表积水 0~2 cm 面积 11 312 m²，占比 49%；丰水期地表无积水面积 7 156 m²，占比 31%。综合计算水文情势指数 64.63。

4. 泥炭地现状评价

台子沟泥炭地泥炭化扰动指数 100，湿地植被覆盖指数 89.79，湿地水文指数 64.63，泥炭地现状指数计算结果为 84.28，综合评价为健康泥炭地。

表 3-9-5　泥炭地现状评价指数计算表

<table>
<tr><td>地名</td><td>泥炭化扰动指数 D</td><td>湿地植被覆盖指数 V</td><td>湿地水文指数 W</td><td rowspan="2">泥炭地现状指数 PSI</td><td rowspan="2">现状评价</td></tr>
<tr><td>权重</td><td>0.2</td><td>0.5</td><td>0.3</td></tr>
<tr><td>台子沟</td><td>100.00</td><td>89.79</td><td>64.63</td><td>84.28</td><td>亚健康泥炭地</td></tr>
</table>

5. 水源涵养能力

台子沟泥炭地调查面积 23 086 m²，泥炭层平均厚度 0.37 m，孔隙率 59.56%，持水总量 5 087.51 t，单位面积持水量 0.22 t/m²。

表 3-9-6　宁夏六盘山西麓泥炭区块泥炭层涵养水源能力计算

地名	调查面积/m^2	泥炭层平均厚度/m	孔隙率/%	持水总量/t	单位面积持水量/($t \cdot m^{-2}$)
台子沟	23 086	0.37	59.56	5 087.51	0.22

6. 碳汇功能

台子沟泥炭地泥炭干容重 0.92 g/cm^3，总有机碳 13.96%，调查面积 23 086 m^2，泥炭资源量 8 641 m^3，碳储量 1 109.78 t，单位面积碳储量 48.07 kg/m^2，高于中国草地土壤碳密度 12.227 kg/m^2。

表 3-9-7　宁夏六盘山西麓泥炭区块泥炭层碳储量能力分析

地名	干容重/($g \cdot cm^{-3}$)	总有机碳（烘干）/%	调查面积/m^2	泥炭资源量/m^3	碳储量/t	单位面积储碳/($kg \cdot m^{-2}$)
台子沟	0.92	13.96	23 086	8 641	1 109.78	48.07

十、清凉

清凉泥炭地形成于一处山前坡地，湿生植物有薄荷、地笋、卵叶扁蕾、节节草、疗齿草、厥麻、魁蓟、车前；沼生植物有箭叶橐吾；其他类生植物有沙棘、密花香薷、苜蓿、山野豌豆、密花香薷、刺儿菜、披针叶野决明、水栒子、地黄、蓬子菜、油松、野艾蒿、艾、鼬瓣花等。本地具有区域代表性的植物是薄荷、地笋、卵叶扁蕾、疗齿草、魁蓟、披针叶野决

图 3-10-1 清凉泥炭地地貌

图 3-10-2 中部沼生植被发育情况

图 3-10-3　东部旱生植物发育情况

明、水栒子、地黄、蓬子菜等。

（一）泥炭地沉积调查

根据地貌特征及沉积环境条件，清凉泥炭地共分 3 个区块，泥炭地调查总面积 81 699 m²。

表 3-10-1　泥炭沉积特征表

<table>
<tr><th colspan="2" rowspan="2">区块</th><th rowspan="2">泥炭地面积/m²</th><th rowspan="2">主要泥炭层数</th><th rowspan="2">钻孔数/个</th><th colspan="3">厚度</th><th rowspan="2">资源量/m³</th></tr>
<tr><th>第一层</th><th>第二层</th><th>第三层</th></tr>
<tr><td rowspan="3">清凉</td><td>Ⅰ</td><td>54 587</td><td>1</td><td>6</td><td>0~0.65
0.43</td><td>—</td><td>—</td><td>23 199</td></tr>
<tr><td>Ⅱ</td><td>17 837</td><td>2</td><td>2</td><td>0~0.30
0.15</td><td>0~0.60
0.30</td><td>—</td><td>8 027</td></tr>
<tr><td>Ⅲ</td><td>9 275</td><td>3</td><td>3</td><td>0~0.20
0.07</td><td>0~0.14
0.05</td><td>0~0.40
0.13</td><td>2 319</td></tr>
</table>

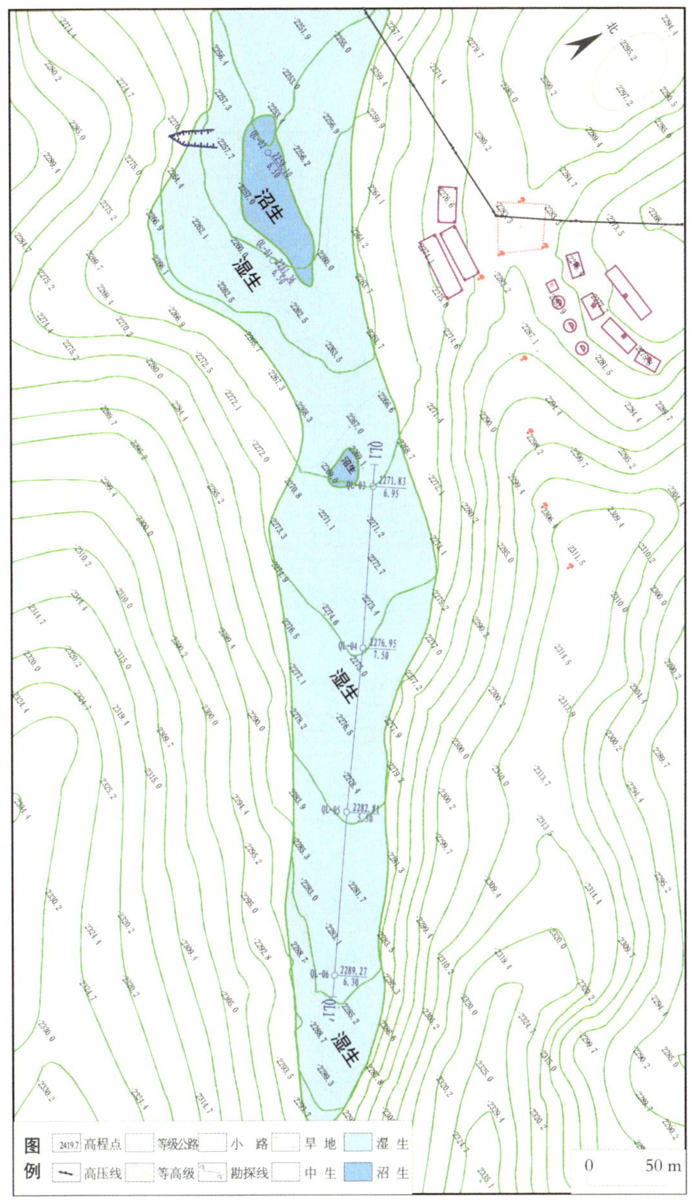

图 3-10-4　清凉Ⅰ泥炭地平面分布图

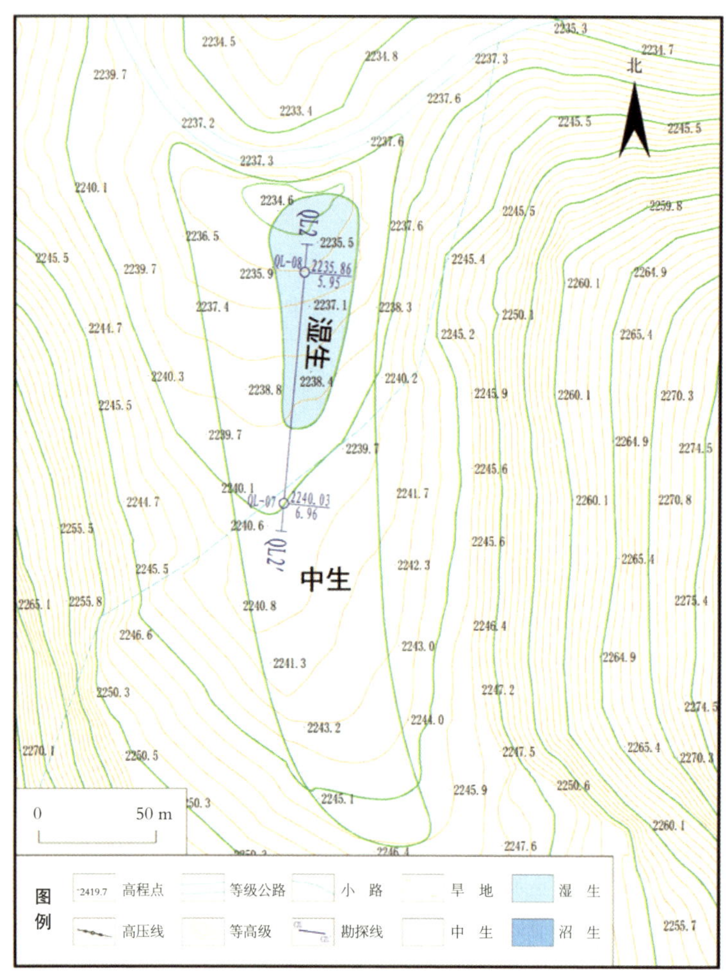

图 3-10-5　清凉Ⅱ泥炭地平面分布图

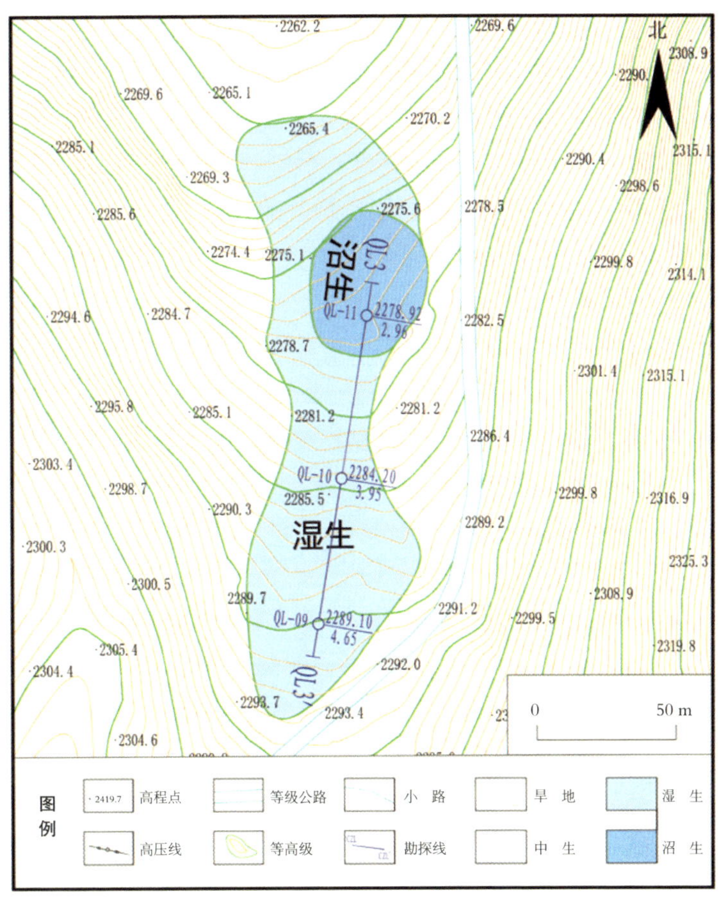

图 3-10-6　清凉Ⅲ泥炭地平面分布图

1. 区块Ⅰ

泥炭地调查面积 54 587 m^2，施工钻孔有 6 个，见泥炭层有 1 层，地层编号为 6–1 号，为较稳定泥炭层（图 3–10–7）。

6–1 号泥炭层大部分布，厚度 0~0.65 m，平均 0.43 m，厚度较稳定，仅中部 QL–01 钻孔缺失该层（图 3–10–8），4 个见泥炭层钻孔厚度均大于 0.50 m，埋深 3.00~3.70 m。根据 ^{14}C 年代测试结果，该泥炭层形成始于 5 330±30 yr BP。

2. 区块Ⅱ

泥炭地调查面积 17 837 m^2，施工钻孔有 2 个，见泥炭层有 4 层，地层编号为 6–1、7–1、7–3、7–5 号，各层泥炭均分布在 QL–08 号钻孔，QL–7 号钻孔缺失（图 3–10–9）。

6–1 号泥炭层厚度 0.3 m，埋深 2.5 m；7–1 号泥炭层厚度 0.60 m，埋深 2.95 m；7–3、7–5 号泥炭层厚度较薄，埋深最深在 4.35 m。

3. 区块Ⅲ

泥炭地调查面积 9 275 m^2，施工钻孔有 3 个，见泥炭层有 3 层，地层编号为 6–1、7–1、7–3 号（图 3–10–10），各泥炭层均分布在 QL–10 号钻孔，QL–9、QL–11 号钻孔缺失。

6–1 号泥炭层厚度 0.2 m，埋深 1.35 m；7–1 号泥炭层厚度 0.14 m，埋深 2.16 m；7–3 号泥炭层厚度 0.40 m，埋深 2.60 m。

清凉泥炭地区块Ⅰ的 6–1 号泥炭层颜色呈棕黄色，质轻，

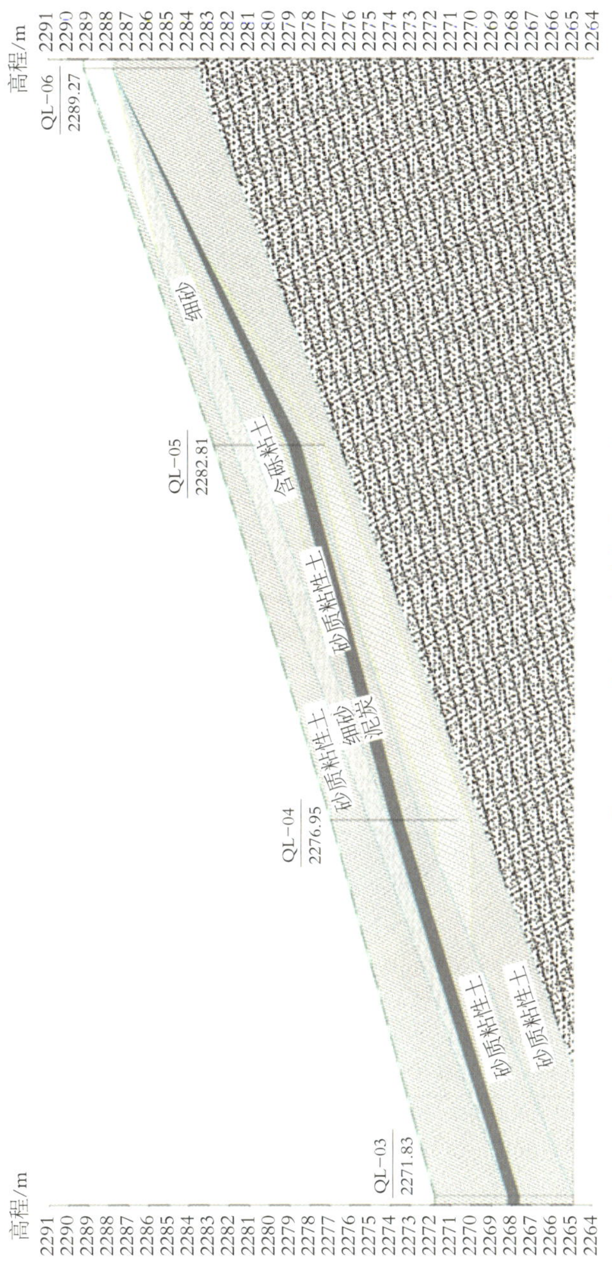

图 3-10-7　清凉 1-1' 勘探线剖面图

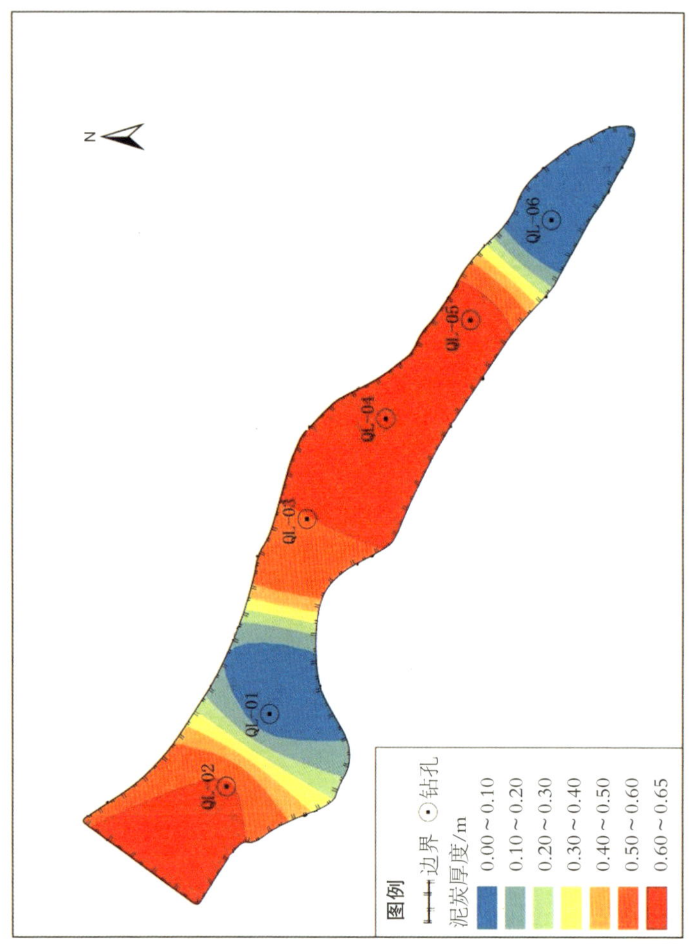

图 3-10-8　清凉Ⅰ 6-1 号泥炭层等值线图

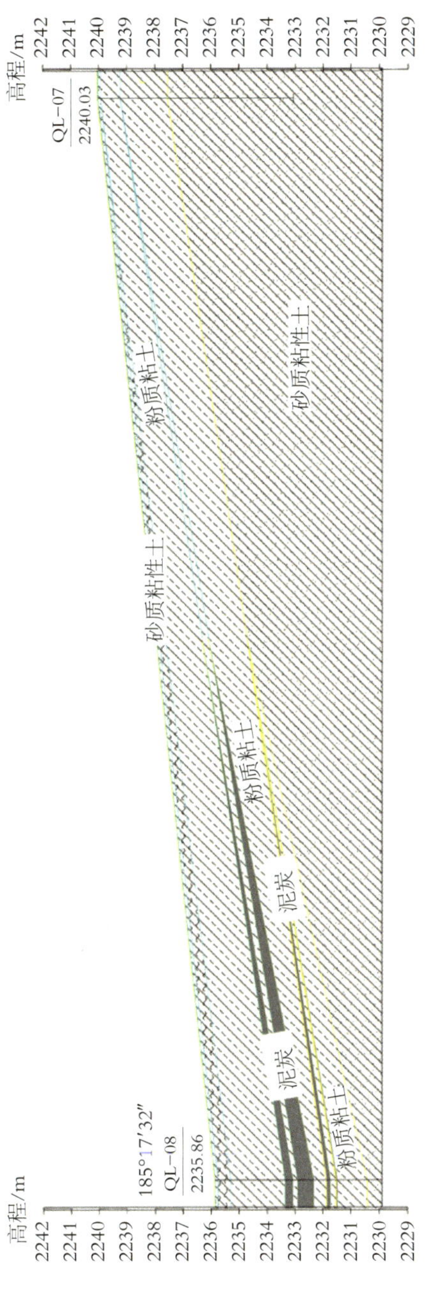

图 3−10−9　清凉 2−2′ 勘探线剖面图

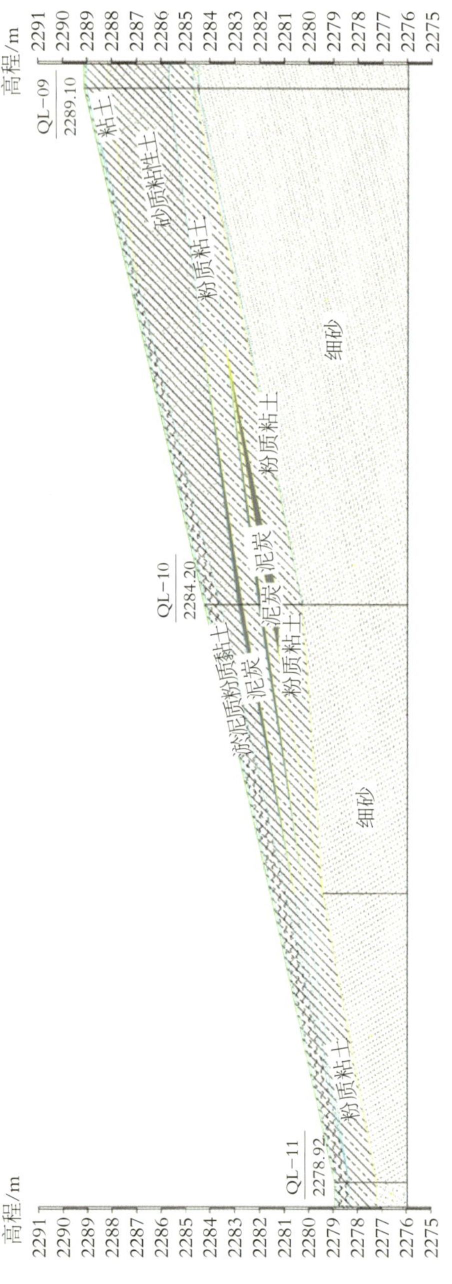

图 3-10-10　清凉 3-3’ 勘探线剖面图

表 3-10-2　清凉泥炭物理化学性质

钻孔号		QL-02	QL-10
钻孔所属区块		区块Ⅰ	区块Ⅲ
泥炭层编号		6-1	7-1
取样深度/m		3.43~3.58	2.16~2.26
颜色		棕黄	棕黄
自然含水量/%		32.5	33.6
吸湿水/%		3.35	4.47
干容重/(g·cm^{-3})		1.20	1.11
纤维含量/%		4.26	12.39
真密度		2.60	2.53
pH	水浸	8.04	7.97
	盐浸	7.43	7.63
粗灰分/%		93.52	91.05
有机质/%		6.26	8.55
腐殖酸/%		0.54	0.27
发热量/(MJ·kg^{-1})	$Q_{b,ad}$	0.97	1.50
	$Q_{gr,d}$	0.99	1.53
	$Q_{net,d}$	0.91	1.44
全硫/%		0.05	0.42
全氮/%		0.25	0.29
全磷/%		0.055	0.049
全钾/%		1.49	1.35

无光泽，结构呈纤维状。该层泥炭的自然含水量 32.5%，吸湿水 3.35%，干容重 1.20 g/cm³，纤维含量 4.26%，真密度 2.60。水浸 pH 8.04，盐浸 pH 7.43，酸碱度呈微碱性反应。粗灰分含量占 93.52%，占比较高。有机质含量低，为 6.26%。腐殖酸含量相对较低，为 0.54%。泥炭干燥基高位发热量（$Q_{gr,d}$）为 0.99 MJ/kg，干燥基低位发热量（$Q_{net,d}$）为 0.91 MJ/kg。全硫含量 0.05%，全氮含量 0.25%，全磷含量 0.055%，全钾含量 1.49%。

清凉泥炭地区块Ⅲ的 7-1 号泥炭层颜色呈棕黄色，质轻，无光泽，结构呈碎纤维状。该层泥炭的自然含水量 33.6%，吸湿水 4.47%，干容重 1.11 g/cm³，纤维含量 12.39%，真密度 2.53。水浸 pH 7.97，盐浸 pH 7.63，酸碱度呈微碱性反应。粗灰分含量占 91.05%，占比高。有机质含量低，为 8.55%。腐殖酸含量相对较低，为 0.27%。泥炭干燥基高位发热量（$Q_{gr,d}$）为 1.53 MJ/kg，干燥基低位发热量（$Q_{net,d}$）为 1.44 MJ/kg。全硫含量 0.42%，全磷含量 0.049%，全钾含量 1.35%。

清凉泥炭地区块Ⅰ与区块Ⅲ之间不相连接，清凉区块Ⅱ泥炭层分布有限，未做相关测试，从外观及检测数据可以看出区块Ⅰ与区块Ⅲ泥炭物化性质差异较大。

（二）泥炭地现状评价

1. 区块Ⅰ

（1）泥炭化扰动指数

清凉Ⅰ泥炭地总面积 54 587 m²。泥炭化层缺失面积 0 m²；

泥沙掩埋面积 0 m²；开沟排水影响重要集中在中部，为新开挖排水沟及集水池，面积 14 192 m²，占比 26%。综合计算湿地植被指数 96.1（表 3-10-3）。

表 3-10-3　清凉 I 泥炭化扰动指数计算表

项目	泥炭化层缺失	泥沙掩埋	人类活动			扰动化指数
权重	0.6	0.1	0.3			
扰动类型			开沟排水	放牧	开采活动	
分权重			0.5	0.3	0.2	
清凉 I	0.00	0.00	14 192	0.00	0.00	96.10

（2）湿地植被指数

沼生植物群落 2 890 m²，占比 5%；湿生植物群落 51 696 m²，占比 95%。综合计算湿地植被指数 68.43。

表 3-10-4　清凉 I 湿地植被指数计算表

植被类型	水生植物群落	沼生植物群落	湿生植物群落	中生植物群落	旱生植物群落	湿地植被指数
类型权重	0.3	0.3	0.2	0.1	0.1	
清凉 I	0.00	2 890	51 696	0.00	0.00	68.43

（3）水文情势指数

排水去路指标，矿体表层和边缘无侵蚀面积 43 230 m²，占比 79.19%；切沟深与长度均达面积一半区域集中在中部人

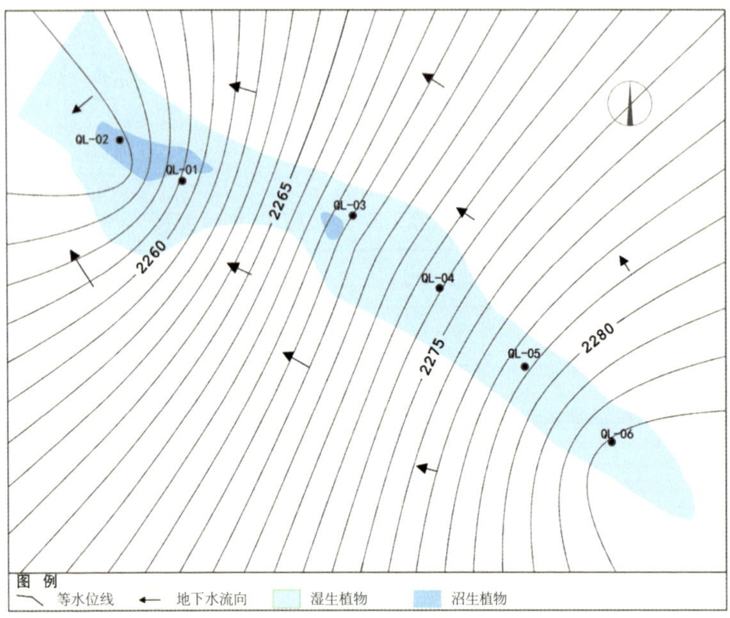

图 3-10-11 清凉Ⅰ泥炭地地下水流场图

表 3-10-5 清凉Ⅰ水文情势指数计算表

项目	排水去路			淹水历时			水位深度			水文情势指数
权重	0.4			0.3			0.3			
结构类型	矿体表层和边缘无侵蚀面积(D1)	切沟深与长度均达面积一半(D2)	切沟深达基底，纵贯矿床面积(D3)	夏季3个月以上淹水面积(P1)	夏季1个月以上淹水面积(P2)	夏季不淹水面积(P3)	地表积水大于2 cm面积(S1)	地表积水0~2 cm面积(S2)	无地表积水面积(S3)	
分权重	0.6	0.3	0.1	0.6	0.3	0.1	0.6	0.3	0.1	
清凉Ⅰ	43 230	11 357	0.00	0.00	2 729	51 857	0.00	2 729	51 857	46.84

工排水工及集水池附近，面积 11 357 m²，占比 20.81%。淹水历时指标，夏季 3 个月以上淹水面积 0 m²，占比 0%；夏季 1 个月以上淹水面积 2 729 m²，占比 5%；夏季不淹水面积 51 857 m²，占比 95%。水位深度指标，丰水期地表积水 0~2 cm 面积 2 729 m²，占比 5%；丰水期地表无积水面积 51 857 m²，占比 95%。综合计算水文情势指数 46.84。

2. 区块Ⅱ

（1）泥炭化扰动指数

清凉Ⅱ泥炭地总面积 17 836 m²。泥炭化层缺失主要由植被退化导致，面积 15 161 m²，占比 85%；泥沙掩埋面积 0 m²。综合计算湿地植被指数 49（表 5–1–12）。

表 3–10–6　清凉Ⅱ泥炭化扰动指数计算表

项目	泥炭化层缺失	泥沙掩埋	人类活动			扰动化指数
权重	0.6	0.1	0.3			
扰动类型			开沟排水	放牧	开采活动	
分权重			0.5	0.3	0.2	
清凉Ⅱ	15 161	0.00	0.00	0.00	0.00	49.00

（2）湿地植被指数

湿生植物群落 2 627.5 m²，占比 15%；中生植物群落 15 209 m²，占比 85%。综合计算湿地植被指数38.24。

表 3-10-7 清凉Ⅱ湿地植被指数计算表

植被类型	水生植物群落	沼生植物群落	湿生植物群落	中生植物群落	旱生植物群落	湿地植被指数
类型权重	0.3	0.3	0.2	0.1	0.1	
清凉Ⅱ	0.00	0.00	2 627	15 209	0.00	38.24

（3）水文情势指数

排水去路指标，矿体表层和边缘无侵蚀面积 17 836 m²，占比 100%。淹水历时指标，夏季 3 个月以上淹水面积 891 m²，占比5%；夏季 1 个月以上淹水面积 1 783 m²，占比 10%；夏季不淹水面积 15 161 m²，占比 85%。水位深度指标，丰水期地表积水 0~2 cm 面积 2 675 m²，占比 15%；丰水期地表无积水面积 15 161 m²，占比 85%。综合计算水文情势指数 53.75。

表 3-10-8 清凉Ⅱ水文情势指数计算表

项目	排水去路			淹水历时			水位深度			水文情势指数
权重	0.4			0.3			0.3			
结构类型	矿体表层和边缘无侵蚀面积(D1)	切沟深与长度均达面积一半(D2)	切沟深达基底，纵贯矿床面积(D3)	夏季3个月以上淹水面积(P1)	夏季1个月以上淹水面积(P2)	夏季不淹水面积(P3)	地表积水大于2 cm面积(S1)	地表积水0~2 cm面积(S2)	无地表积水面积(S3)	
分权重	0.6	0.3	0.1	0.6	0.3	0.1	0.6	0.3	0.1	
清凉Ⅱ	17 836	0.00	0.00	891	1 783	15 161	0.00	2 675	15 161	53.75

3. 区块Ⅲ

（1）泥炭化扰动指数

清凉Ⅲ泥炭地总面积 9 274 m^2。泥炭化层缺失面积 0 m^2；泥沙掩埋面积 0 m^2。综合计算湿地植被指数 100（表3–10–9）。

表 3–10–9　清凉Ⅲ泥炭化扰动指数计算表

项目	泥炭化层缺失	泥沙掩埋	人类活动			扰动化指数
权重	0.6	0.1	0.3			
扰动类型			开沟排水	放牧	开采活动	
分权重			0.5	0.3	0.2	
清凉Ⅲ	0.00	0.00	0.00	0.00	0.00	100.00

（2）湿地植被指数

其中沼生植物群落 1 672 m^2，占比 18%；湿生植物群落 7 601 m^2，占比 82%。综合计算湿地植被指数 72.68。

表 3–10–10　清凉Ⅲ湿地植被指数计算表

植被类型	水生植物群落	沼生植物群落	湿生植物群落	中生植物群落	旱生植物群落	湿地植被指数
类型权重	0.3	0.3	0.2	0.1	0.1	
清凉Ⅲ	0.00	1 672	7 601	0.00	0.00	72.68

（3）水文情势指数

排水去路指标，矿体表层和边缘无侵蚀面积 9 274 m^2，占比 100%。淹水历时指标，夏季 3 个月以上淹水面积 927 m^2，占比 10%；夏季 1 个月以上淹水面积 741 m²，占比 8%；夏季不淹水面积 7 605 m²，占比 82%。水位深度指标，丰水期地表积水大于 2 cm 面积 463 m²，占比 5%；丰水期地表积水 0~2 cm 面积 1 205 m²，占比 13%；丰水期地表无积水面积 7 605 m²，占比 82%。综合计算水文情势指数55.85。

表 3-10-11 清凉Ⅲ水文情势指数计算表

项目	排水去路			淹水历时			水位深度			水文情势指数
权重	0.4			0.3			0.3			
结构类型	矿体表层和边缘无侵蚀面积(D1)	切沟深与长度均达面积一半(D2)	切沟深达基底，纵贯矿床面积(D3)	夏季3个月以上淹水面积(P1)	夏季1个月以上淹水面积(P2)	夏季不淹水面积(P3)	地表积水大于2 cm面积(S1)	地表积水0~2 cm面积(S2)	无地表积水面积(S3)	
分权重	0.6	0.3	0.1	0.6	0.3	0.1	0.6	0.3	0.1	
清凉Ⅲ	9 274	0.00	0.00	927	741	7 605	463	1 205	7 605	55.85

（4）泥炭地现状评价

区块Ⅰ泥炭化扰动指数 96.1，湿地植被覆盖指数 68.43，湿地水文指数 46.84，泥炭地现状指数计算结果 67.49，综合评价为亚健康泥炭地。区块Ⅱ泥炭化扰动指数 49，湿地植被覆盖指数 38.24，湿地水文指数 53.75，泥炭地现状指数计算结果 45.05，综合评价为轻度退化泥炭地。区块Ⅲ泥炭化扰动指数 100，湿地植被覆盖指数 72.68，湿地水文指数 55.85，泥炭地现状指数计算结果 73.09，综合评价为亚健康泥炭地。

（5）水源涵养能力

清凉泥炭地调查面积 81 699 m^2，泥炭层平均厚度 0.43 m，孔隙率 53.86%，持水总量 18 921.33 t，单位面积持水量 0.23 t/m^2。

表 3-10-12　泥炭地现状评价指数计算表

地名	泥炭化扰动指数 D	湿地植被覆盖指数 V	湿地水文指数 W	泥炭地现状指数 PSI	现状评价
权重	0.2	0.5	0.3		
清凉Ⅰ	96.10	68.43	46.84	67.49	轻度退化泥炭地
清凉Ⅱ	49.00	38.24	53.75	45.05	亚健康泥炭地
清凉Ⅲ	100.00	72.68	55.85	73.09	轻度退化泥炭地

表 3-10-13　宁夏六盘山西麓泥炭区块泥炭层涵养水源能力计算

地名	调查面积/m^2	泥炭层平均厚度/m	孔隙率/%	持水总量/t	单位面积持水量/($t\cdot m^{-2}$)
清凉	81 699	0.43	53.86	18 921.33	0.23

（6）碳汇功能

清凉Ⅰ泥炭地泥炭干容重 1.16 g/cm^3，总有机碳 3.29%，调查面积 81 699 m^2，泥炭资源量 31 108 m^3，碳储量 1 187.21 t，单位面积碳储量 14.53 kg/m^2，高于中国草地土壤碳密度 12.227 kg/m^2。

表 3-10-14　宁夏六盘山西麓泥炭区块泥炭层碳储量能力分析

地名	干容重/ ($g·cm^{-3}$)	总有机碳（烘干）/%	调查面积/m^2	泥炭资源量/m^3	碳储量/t	单位面积储碳/ ($kg·m^{-2}$)
清凉Ⅰ	1.16	3.29	81 699	31 108	1 187.21	14.53

十一、陈靳

陈靳泥炭地形成于一处山前坡地，湿生植物有节节草、椭圆叶花锚、苣荬菜、毛茛、蒙古蒿等；沼生植物有苔藓；其他类生植物有圆柱披碱草、山野豌豆、狗娃花等。本地具有区域代表性的植物是扁蕾、狗娃花。

图 3-11-1　陈靳泥炭地地貌

（一）泥炭地沉积调查

泥炭地调查面积 14 346 m^2，施工钻孔有 4 个（图 3-11-3），见泥炭层有 1 层，地层编号为 5 号，泥炭层位较稳定。

表 3-11-1　泥炭沉积特征表

区块	泥炭地面积/m^2	主要泥炭层数	钻孔数/个	厚度			资源量/m^3
				第一层	第二层	第三层	
陈靳	14 346	1	4	0.65~1.00 0.84	—	—	12 087

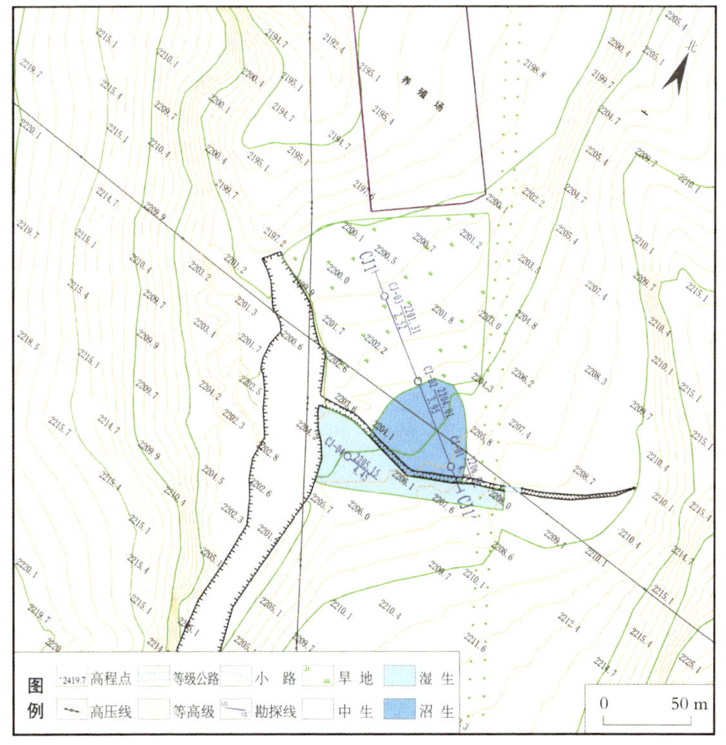

图 3-11-2　陈靳泥炭地平面分布图

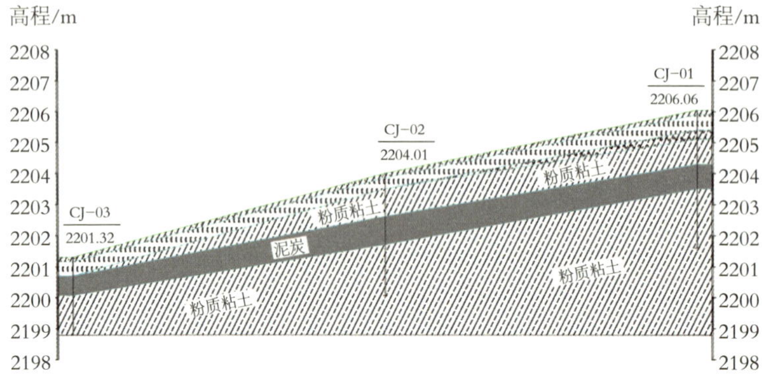

图 3-11-3　陈靳 1-1'勘探线剖面图

5 号泥炭层全区分布，厚度 0.65~1.00 m(图 3-11-4)，平均 0.84 m，厚度均大于 0.50 m。南部厚、北部薄，埋深 0.60~1.75 m。根据 ^{14}C 年代测试结果，该泥炭层形成始于 5 670±30 yr BP。

陈靳泥炭地 5 号泥炭层颜色呈暗褐色，质轻，无光泽，结构呈纤维状，含少量贝壳类化石。该层泥炭的自然含水量 65.9%，吸湿水 11.28%，干容重 0.90 cm^3，纤维含量 14.05%，真密度 2.04。水浸 pH 7.52，盐浸 pH 7.17，酸碱度呈微碱性反应。粗灰分含量占 60.13%，有机质含量较高，为 35.37%。腐殖酸含量相对较低，为 0.88%。泥炭干燥基高位发热量($Q_{gr,d}$)为 8.68 MJ/kg，干燥基低位发热量（$Q_{net,d}$）为 8.33 MJ/kg。全硫含量 0.98%，全氮含量 1.62%，全磷含量 0.056%，全钾含量 1.20%。从各孔及露头样品外观来看，与测试样品差异较小，理化性质相对稳定。

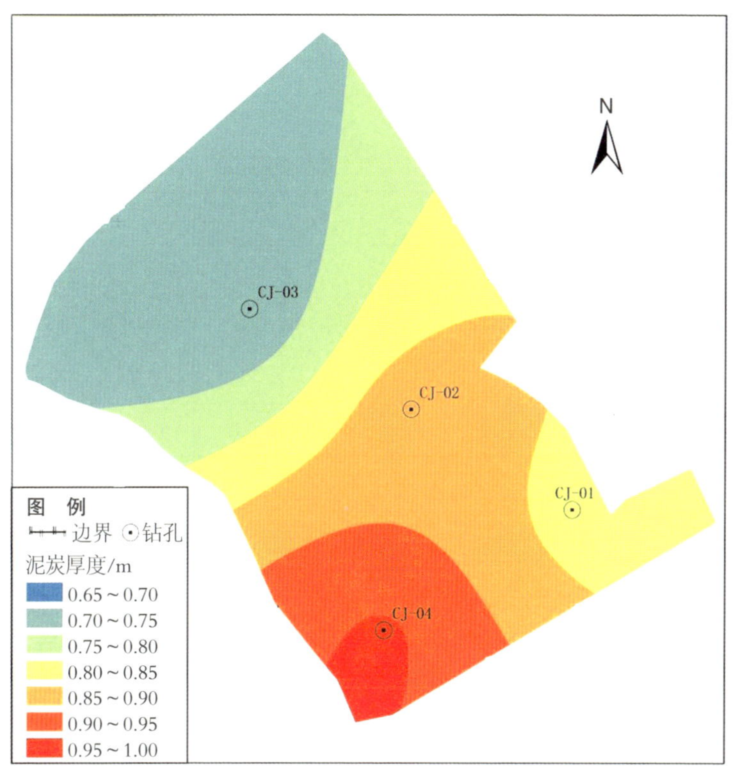

图 3-11-4　陈靳 5 号泥炭层厚度等值线图

（二）泥炭地现状评价

1. 泥炭化扰动指数

陈靳泥炭地总面积 14 346 m²。泥炭化层缺失主要是植被退化导致，面积 9 898 m²，占比 69%；泥沙掩埋面积 0 m²。综合计算湿地植被指数 58.6（表 3-11-2）。

2. 湿地植被指数

沼生植物群落 2 268 m²，占比 16%；湿生植物群落 2 215 m²，占比 15%；中生植物群落 9 862 m^2，占比 69%。综合计算湿地植被指数 49.02。

表 3-11-2 陈靳泥炭化扰动指数计算表

项目	泥炭化层缺失	泥沙掩埋	人类活动			扰动化指数
权重	0.6	0.1	0.3			
扰动类型			开沟排水	放牧	开采活动	
分权重			0.5	0.3	0.2	
陈靳	9898	0.00	0.00	0.00	0.00	58.60

表 3-11-3 陈靳湿地植被指数计算表

植被类型	水生植物群落	沼生植物群落	湿生植物群落	中生植物群落	旱生植物群落	湿地植被指数
类型权重	0.3	0.3	0.2	0.1	0.1	
陈靳	0.00	2 268	2 215	9 862	0.00	49.02

3. 水文情势指数

排水去路指标，切沟深与长度均达面积一半区域集中在泥炭地中部排水沟两侧，面积 7 173 m^2，占比 50%；切沟深达基底纵贯矿床在西部冲沟边缘，面积 4 447 m^2，占比 31%。淹水历时指标，夏季 3 个月以上淹水面积 2 295 m^2，占比 16%；夏季 1 个月以上淹水面积 2 295 m^2，占比 16%；夏季不淹水面积12 050 m^2，占比 84%。水位深度指标，丰水期地表积水大于 2 cm 面积 0 m^2，占比 0%；丰水期地表积水 0~2 cm 面积

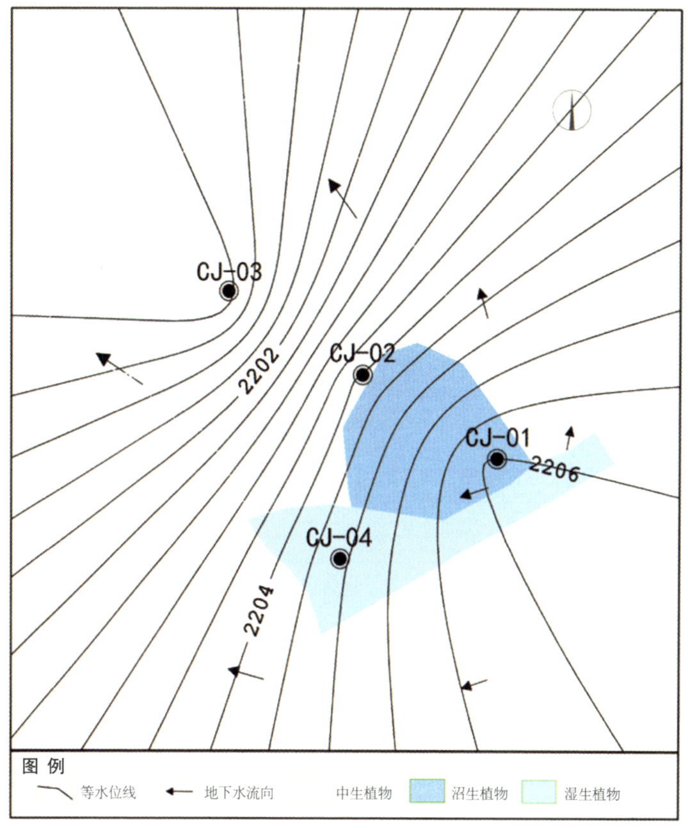

图 3-11-5　陈靳泥炭地地下水流场图

2 295 m²，占比 16%；丰水期地表无积水面积 12 050 m²，占比 84%。综合计算水文情势指数 37.67。

4. 泥炭地现状评价

陈靳泥炭地泥炭化扰动指数 58.6，湿地植被覆盖指数 49.02，湿地水文指数 37.67，泥炭地现状指数计算结果 47.53，综合评价为轻度退化泥炭地。

表 3-11-4 陈靳水文情势指数计算表

项目	排水去路			淹水历时			水位深度			水文情势指数
权重	0.4			0.3			0.3			
结构类型	矿体表层和边缘无侵蚀面积(D1)	切沟深与长度均达面积一半(D2)	切沟深达基底，纵贯矿床面积(D3)	夏季3个月以上淹水面积(P1)	夏季1个月以上淹水面积(P2)	夏季不淹水面积(P3)	地表积水大于2 cm面积(S1)	地表积水0~2 cm面积(S2)	无地表积水面积(S3)	
分权重	0.6	0.3	0.1	0.6	0.3	0.1	0.6	0.3	0.1	
陈靳	2 725	7 173	4 447	2 295	2 295	12 050	0.00	2 295	12 050	37.67

表 3-11-5 泥炭地现状评价指数计算表

地名	泥炭化扰动指数 D	湿地植被覆盖指数 V	湿地水文指数 W	泥炭地现状指数 PSI	现状评价
权重	0.2	0.5	0.3		
陈靳	58.60	49.02	37.67	47.53	轻度退化泥炭地

5. 水源涵养能力

陈靳泥炭地调查面积 14 346 m²，泥炭层平均厚度 0.84 m，孔隙率 58.54%，持水总量 7 054.44 t，单位面积持水量 0.49 t/m²。

表 3-11-6 宁夏六盘山西麓泥炭区块泥炭层涵养水源能力计算

地名	调查面积/m²	泥炭层平均厚度/m	孔隙率/%	持水总量/t	单位面积持水量/(t·m⁻²)
陈靳	14 346	0.84	58.54	7 054.44	0.49

6. 碳汇功能

陈靳泥炭地泥炭干容重 0.9 g/cm^3，总有机碳 18.17%，调查面积 14 346 m^2，泥炭资源量 12 087 m^3，碳储量 1 976.59 t，单位面积碳储量 137.78 kg/m^2，远高于中国草地土壤碳密度 12.227 kg/m^2。

表 3-11-7　宁夏六盘山西麓泥炭区块泥炭层碳储量能力分析

地名	干容重 /(g·cm^{-3})	总有机碳（烘干）/%	调查面积 /m^2	泥炭资源量/m^3	碳储量 /t	单位面积储碳 /(kg·m^{-2})
陈靳	0.90	18.17	14 346	12 087	1 976.59	137.78

十二、陈靳南

陈靳南泥炭地形成于一处山间洼地，发育植被有 22 种，湿生植物有书带薹草、芦苇、中华金腰、箭叶橐吾、节节草、椭圆叶花锚、苣荬菜、毛茛、蒙古蒿等；沼生植物有苔藓等；其他类生植物有油松、天蓝苜蓿、花苜蓿、牡蒿、刺儿菜、野艾蒿、玉米、圆柱披碱草、山野豌豆、狗娃花等。本地具有区域代表性的植物是扁蕾、狗娃花、毛茛。

（一）泥炭地沉积调查

泥炭地调查面积 63 413 m^2，施工钻孔有 10 个，见泥炭层有 3 层，地层编号为 3、6-2、8-3 号，6-2 号泥炭层较稳定（图 3-12-2）。

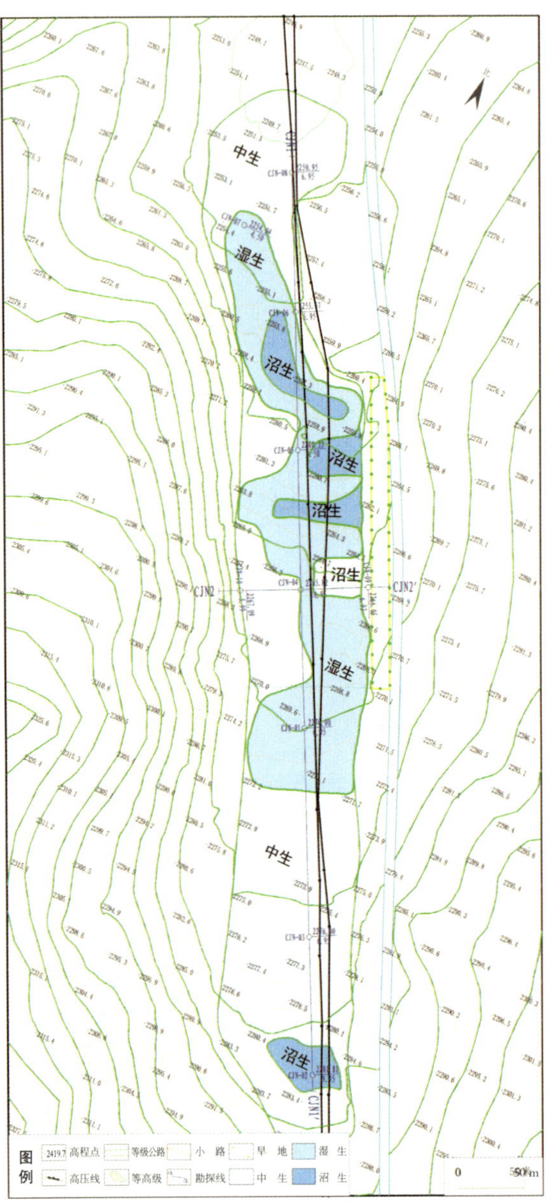

图 3-12-1 陈靳南泥炭地平面分布图

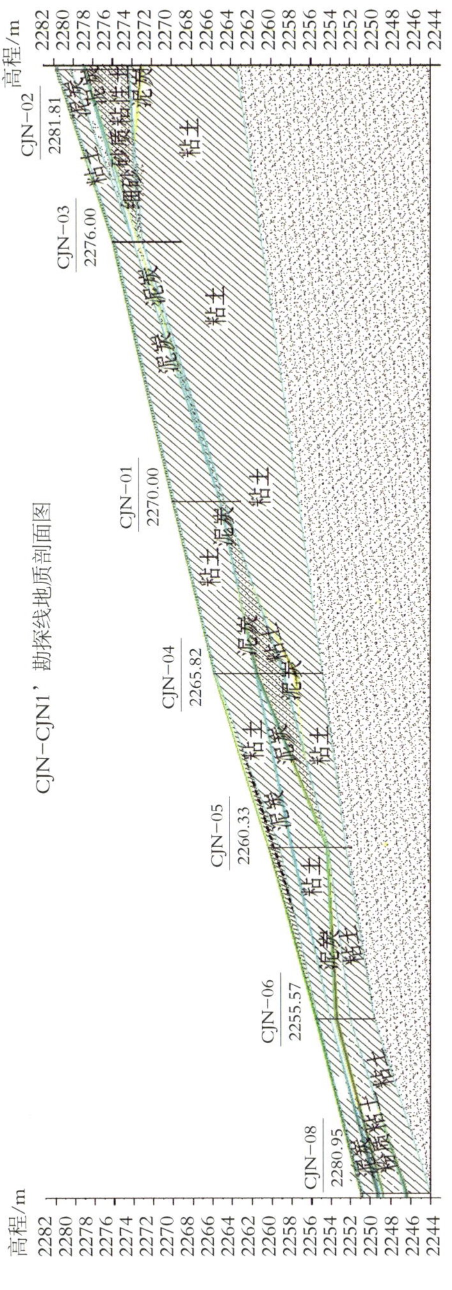

图 3-12-2 陈靳南 1-1’ 勘探线剖面图

表 3-12-1　泥炭沉积特征表

区块	泥炭地面积/m^2	主要泥炭层数	钻孔数/个	厚度			资源量/m^3
				第一层	第二层	第三层	
陈靳南	63 413	10	1	$\frac{0\sim0.40}{0.15}$	—	—	9 512

6-2 号泥炭层全区大部分布，厚度 0~0.40 m，平均 0.15 m。北部厚、南部薄（图 3-12-3），厚度均小于 0.50 m，埋深 2.05~6.02 m。

最下部泥炭层在 CJN-02 钻孔 8.60~8.90 m 深度处，地层编号为 8-3 号。根据 ^{14}C 年代测试结果，该泥炭层形成始于 10 470±30 yr BP。

陈靳南泥炭地 6-2 号泥炭层颜色呈暗褐色，质轻，无光泽，结构呈细纤维状。该层泥炭的自然含水量 44.4%，吸湿水 7.82%，干容重 1.24 g/cm^3，纤维含量 21.23%，真密度 2.35。水浸 pH 7.56，盐浸 pH 7.19，酸碱度呈微碱性反应。粗灰分含量占 76.00%，有机质含量较高，为 22.12%。腐殖酸含量相对较低，为 0.58%。泥炭干燥基高位发热量（$Q_{gr,d}$）为 4.91 MJ/kg，干燥基低位发热量（$Q_{net,d}$）为 4.71 MJ/kg。全硫含量 0.53%，全氮含量 0.98%，全磷含量 0.070%，全钾含量 1.27%。该样品测试结果仅能代表南部较小范围的泥炭理化性质，其他区域与此区域泥炭外观差别明显，资源量有限且分布不均，故未做相关测试。

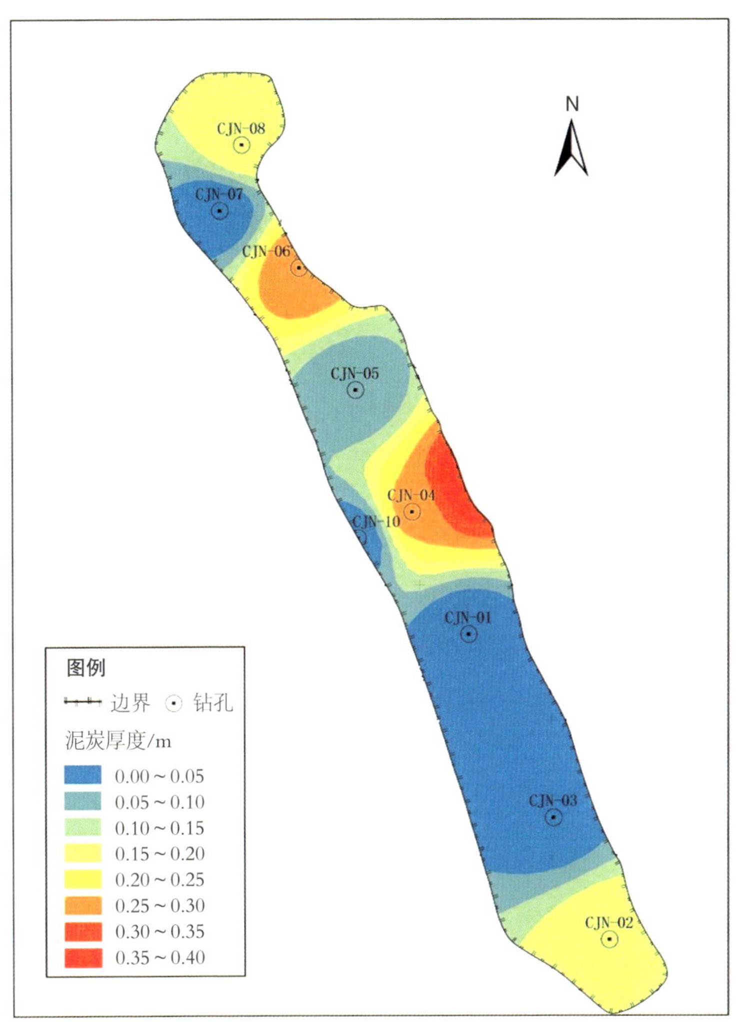

图 3-12-3　陈靳南 6-2 号泥炭层厚度等值线图

（二）泥炭地现状评价

1. 泥炭化扰动指数

陈靳南泥炭地总面积 63 412 m^2。泥炭化层缺失主要由植被退化导致，面积 41 218 m^2，占比 65%；泥沙掩埋面积 0 m^2。综合计算湿地植被指数 61（表 3-12-2）。

表 3-12-2　陈靳南泥炭化扰动指数计算表

项目	泥炭化层缺失	泥沙掩埋	人类活动			扰动化指数
权重	0.6	0.1	0.3			
扰动类型			开沟排水	放牧	开采活动	
分权重			0.5	0.3	0.2	
陈靳南	41218	0.00	0.00	0.00	0.00	61.00

2. 湿地植被指数

沼生植物群落 6 163 m^2，占比 10%；湿生植物群落 16 181 m^2，占比 26%；中生植物群落 41 067 m^2，占比 65%。综合计算湿地植被指数 48.32。

表 3-12-3　湿地植被指数计算表

植被类型	水生植物群落	沼生植物群落	湿生植物群落	中生植物群落	旱生植物群落	湿地植被指数
类型权重	0.3	0.3	0.2	0.1	0.1	
陈靳南	0.00	6 163	16 181	41 067	0.00	48.32

3. 水文情势指数

排水去路指标，矿体表层和边缘无侵蚀面积 63 412 m^2，占比 100%。淹水历时指标，夏季 3 个月以上淹水面积 5 073 m^2，占比 8%；夏季 1 个月以上淹水面积 1 268 m^2，占比 2%；夏

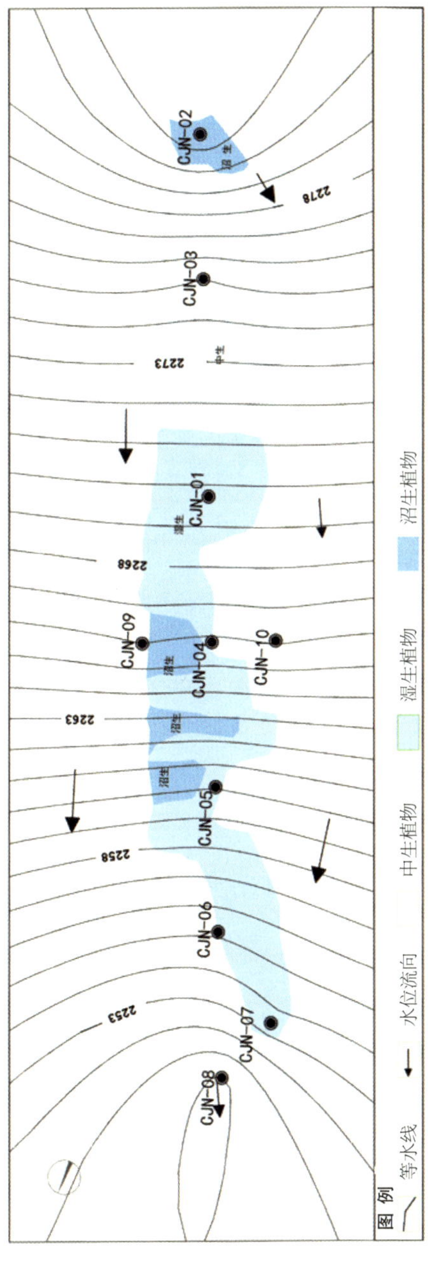

图 3-12-4　陈靳南泥炭地地下水流场图

季不淹水面积 57 071 m²，占比 90%。水位深度指标，丰水期地表积水大于 2 cm 面积 3 170 m²，占比 5%；丰水期地表积水0~2 cm 面积 3 170 m²，占比 5%；丰水期地表无积水面积 57 071 m²，占比 90%。综合计算水文情势指数 53.95。

表 3-12-4　陈靳南水文情势指数计算表

项目	排水去路			淹水历时			水位深度			水文情势指数
权重	0.4			0.3			0.3			
结构类型	矿体表层和边缘无侵蚀面积(D1)	切沟深与长度均达面积一半(D2)	切沟深达基底，纵贯矿床面积(D3)	夏季3个月以上淹水面积(P1)	夏季1个月以上淹水面积(P2)	夏季不淹水面积(P3)	地表积水大于2 cm面积(S1)	地表积水0~2 cm面积(S2)	无地表积水面积(S3)	
分权重	0.6	0.3	0.1	0.6	0.3	0.1	0.6	0.3	0.1	
陈靳南	63412	0.00	0.00	5073	1268	57071	3170	3170	57071	53.95

4. 泥炭地现状评价

陈靳南泥炭地泥炭化扰动指数 61，湿地植被覆盖指数 48.32，湿地水文指数 53.95，泥炭地现状指数计算结果 52.54，

表 3-12-5　泥炭地现状评价指数计算表

地名	泥炭化扰动指数 D	湿地植被覆盖指数 V	湿地水文指数 W	泥炭地现状指数 PSI	现状评价
权重	0.2	0.5	0.3		
陈靳南	61.00	48.32	53.95	52.54	健康泥炭地

综合评价为轻度退化泥炭地。

5. 水源涵养能力

陈靳南泥炭地调查面积 63 413 m^2，泥炭层平均厚度 0.13 m，孔隙率 46.26%，持水总量 3 813.53 t，单位面积持水量0.06 t/m^2。

表 3-12-6　宁夏六盘山西麓泥炭区块泥炭层涵养水源能力计算

地名	调查面积/m^2	泥炭层平均厚度/m	孔隙率/%	持水总量/t	单位面积持水量/($t·m^{-2}$)
陈靳南	63 413	0.13	46.26	3 813.53	0.06

6. 碳汇功能

陈靳南泥炭地泥炭干容重 1.24 g/cm^3，总有机碳 11.6%，调查面积 63 413 m^2，泥炭资源量 8 244 m^3，碳储量 1 185.82 t，单位面积碳储量 18.7 kg/m^2，高于中国草地土壤碳密度 12.227 kg/m^2。

表 3-12-7　宁夏六盘山西麓泥炭区块泥炭层碳储量能力分析

地名	干容重/($g·cm^{-3}$)	总有机碳(烘干)/%	调查面积/m^2	泥炭资源量/m^3	碳储量/t	单位面积储碳/($kg·m^{-2}$)
陈靳南	1.24	11.60	63 413	8 244	1 185.82	18.70

十三、靳家沟

靳家沟泥炭地形成于一处山前坡地，湿生植物有打碗花、秦艽、书带薹草、厥麻、马兰等；沼生植物有苔藓、箭叶橐吾；其他类生植物有密毛白莲蒿、野艾蒿、卷耳、白刺花、紫

图 3-13-1　靳家沟泥炭地北部地貌

图 3-13-2　靳家沟泥炭地南部地貌

芒披碱草、沙冬青、鼬瓣花、泡沙参、香青、牛蒡、无毛牛尾蒿等。本地具有区域代表性的植物是秦艽、箭叶橐吾、香青、牛蒡等。

(一) 泥炭地沉积调查

泥炭地调查面积 18 147 m²，施工钻孔有 11 个，见泥炭层有 3 层，地层编号为 3、6、12 号，3 号泥炭层较稳定（图 3-13-4）。

表 3-13-1　泥炭沉积特征表

区块	泥炭地面积/m²	主要泥炭层数	钻孔数/个	厚度			资源量/m³
				第一层	第二层	第三层	
靳家沟	18 147	1	11	0~2.37 / 0.69	—	—	12 521

3 号泥炭层全区大部分布，厚度 0~2.37 m，平均 0.69 m，厚度大于 0.50 m 的钻孔有 5 个。北部厚、南部薄（图 3-13-5），埋深 0.03~1.68 m。根据 ^{14}C 年代测试结果，该泥炭层形成始于 1 870±30 yr BP。

靳家沟泥炭地 3 号泥炭层颜色呈棕黄色，质轻，无光泽，结构呈纤维状。该层泥炭的自然含水量 37.2%，吸湿水 6.05%，干容重 1.09 g/cm³，纤维含量 26.94%，真密度 2.45。水浸 pH 7.26，盐浸 pH 6.77，酸碱度呈微碱性反应。粗灰分含量占 84.45%，占比较高。有机质含量较低，为 14.61%。腐殖酸含量相对较低，为 0.30%。泥炭干燥基高位发热量（$Q_{gr,d}$）为

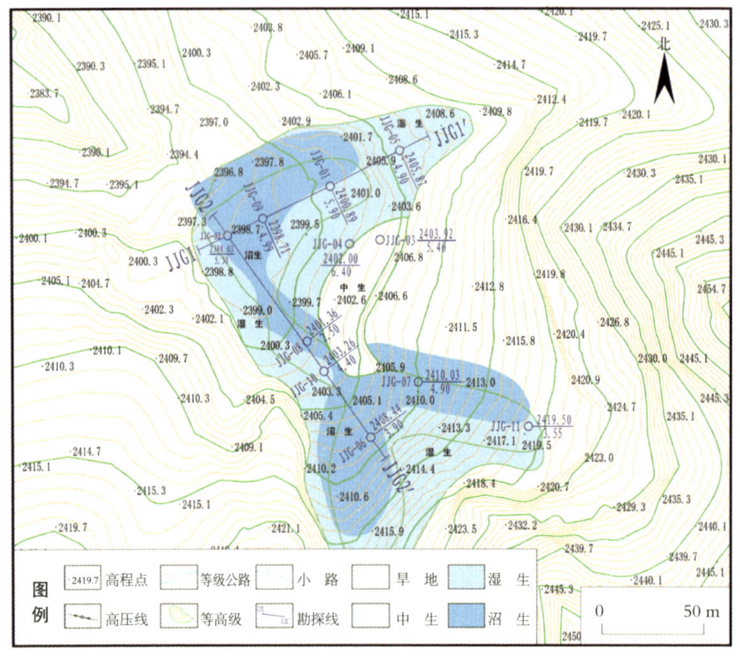

图 3-13-3　靳家沟田堡泥炭地平面分布图

3.14 MJ/kg，干燥基低位发热量（$Q_{net,d}$）为 2.95 MJ/kg。全硫含量 0.26%，全氮含量 0.51%，全磷含量 0.052%，全钾含量 1.75%。从现场各孔、各层位泥炭样品外观来看，变化不大，说明靳家沟泥炭理化性质相对稳定，取样测试结果具有较好的代表性。

（二）泥炭地现状评价

1. 泥炭化扰动指数

靳家沟泥炭地总面积 18 146 m²。泥炭化层缺失主要由植被退化导致，面积 1 814 m²，占比 10%；泥沙掩埋面积

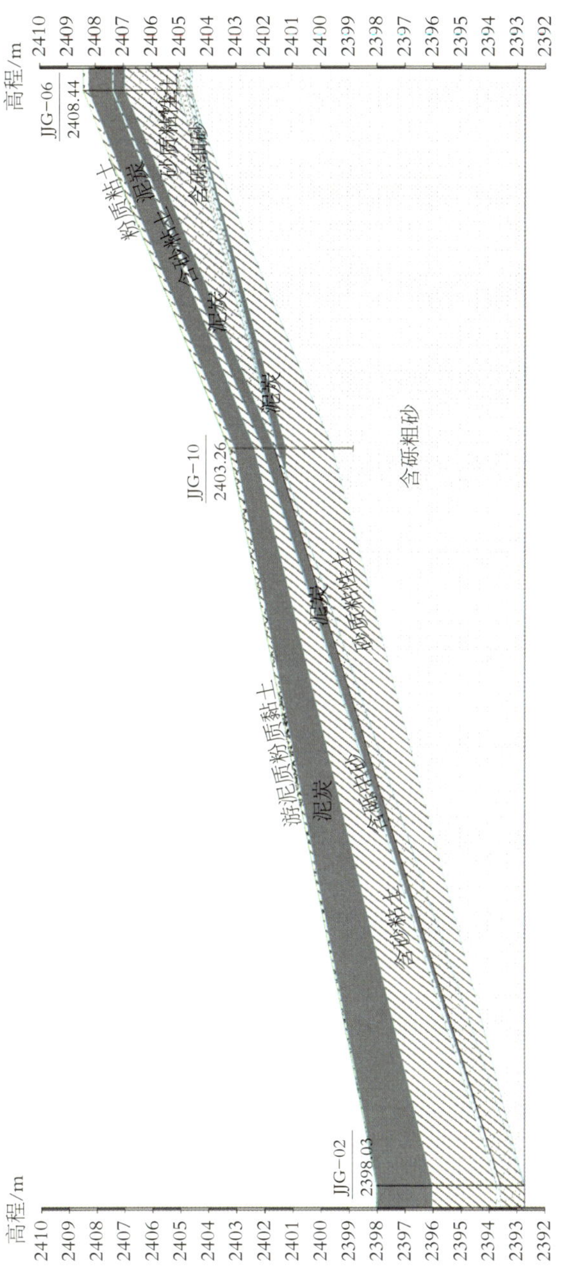

图 3-13-4　靳家沟 2-2’勘探线剖面图

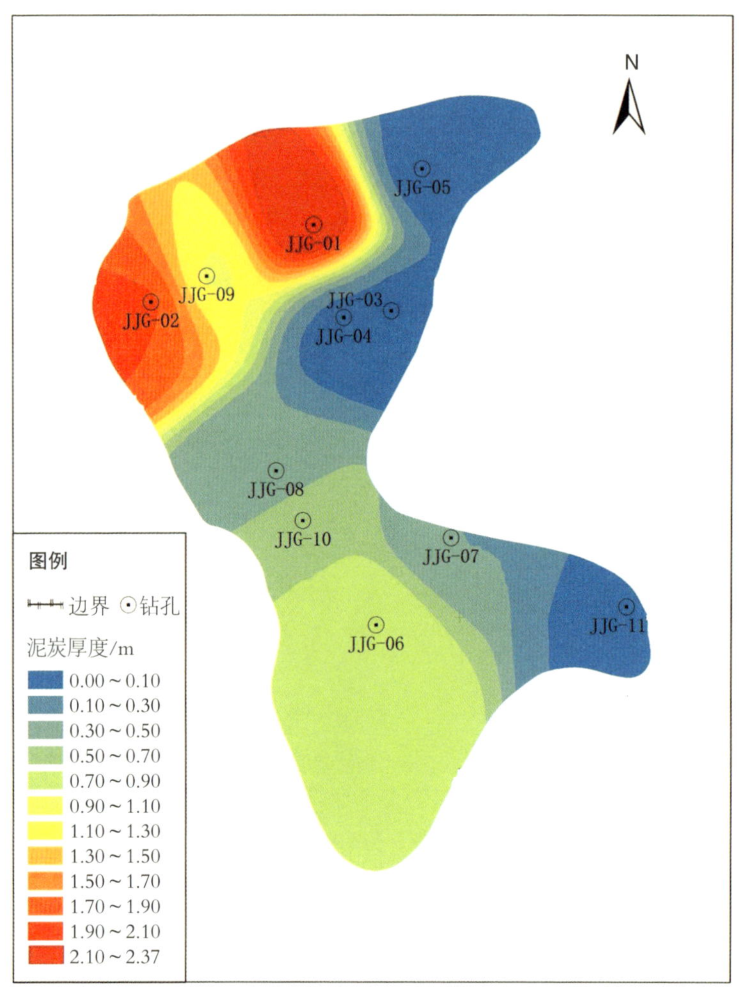

图 3-13-5 靳家沟 3 号泥炭层厚度等值线图

0 m²；附近有养殖场，偶有牛群散放情况，放牧活动影响面积 9 073 m²，占比 50%。综合计算湿地植被指数 89.5（表3-13-2）。

表 3-13-2　靳家沟泥炭化扰动指数计算表

<table>
<tr><td>项目</td><td>泥炭化层缺失</td><td>泥沙掩埋</td><td colspan="3">人类活动</td><td rowspan="4">扰动化指数</td></tr>
<tr><td>权重</td><td>0.6</td><td>0.1</td><td colspan="3">0.3</td></tr>
<tr><td>扰动类型</td><td></td><td></td><td>开沟排水</td><td>放牧</td><td>开采活动</td></tr>
<tr><td>分权重</td><td></td><td></td><td>0.5</td><td>0.3</td><td>0.2</td></tr>
<tr><td>靳家沟</td><td>1814</td><td>0.00</td><td>0.00</td><td>9 073</td><td>0.00</td><td>89.50</td></tr>
</table>

2. 湿地植被指数

沼生植物群落 7 878 m²，占比 43%；湿生植物群落 8 542 m²，占比 47%；中生植物群落 1 725 m²，占比 10%。综合计算湿地植被指数 77.97。

表 3-13-3　靳家沟湿地植被指数计算表

植被类型	水生植物群落	沼生植物群落	湿生植物群落	中生植物群落	旱生植物群落	湿地植被指数
类型权重	0.3	0.3	0.2	0.1	0.1	
青稞湾	0.00	7 878	8 542	1 725	0.00	77.97

3. 水文情势指数

排水去路指标，矿体表层和边缘无侵蚀面积 18 146 m²，占比 100%。淹水历时指标，夏季 3 个月以上淹水面积 6 351 m²，占比 35%；夏季 1 个月以上淹水面积 1 451 m²，占比 8%；夏季不淹水面积 10 343 m²，占比 57%。水位深度指标，丰水期地表积水大于 2 cm 面积 5 444 m²，占比 30%；丰水期地表

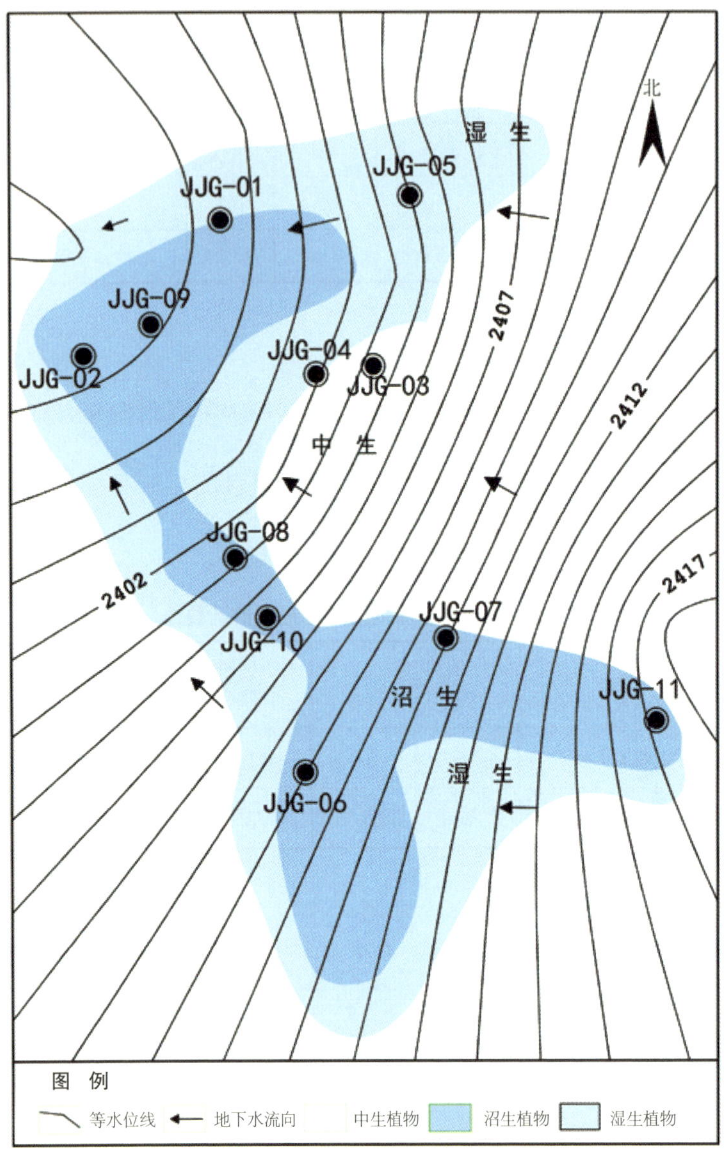

图 3-13-6 靳家沟泥炭地地下水流场图

积水 0~2 cm 面积 2 359 m^2，占比 13%；丰水期地表无积水面积 10 343 m^2，占比 57%。综合计算水文情势指数 68.35。

表 3-13-4　靳家沟水文情势指数计算表

项目	排水去路			淹水历时			水位深度			水文情势指数
权重	0.4			0.3			0.3			
结构类型	矿体表层和边缘无侵蚀面积(D1)	切沟深与长度均达面积一半(D2)	切沟深达基底，纵贯矿床面积(D3)	夏季3个月以上淹水面积(P1)	夏季1个月以上淹水面积(P2)	夏季不淹水面积(P3)	地表积水大于2 cm面积(S1)	地表积水0~2 cm面积(S2)	无地表积水面积(S3)	
分权重	0.6	0.3	0.1	0.6	0.3	0.1	0.6	0.3	0.1	
靳家沟	18 146	0.00	0.00	6 351	1 451	10 343	5 444	2 359	10 343	68.35

4. 泥炭地现状评价

靳家沟泥炭地泥炭化扰动指数 89.5，湿地植被覆盖指数 77.97，湿地水文指数 68.35，泥炭地现状指数计算结果 77.39，综合评价为健康泥炭地。

表 3-13-5　泥炭地现状评价指数计算表

地名	泥炭化扰动指数 D	湿地植被覆盖指数 V	湿地水文指数 W	泥炭地现状指数 PSI	现状评价
权重	0.2	0.5	0.3		
靳家沟	89.50	77.97	68.35	77.39	健康泥炭地

5. 水源涵养能力

靳家沟泥炭地调查面积 18 147 m^2，泥炭层平均厚度 0.69 m，孔隙率 57.74%，持水总量 7 229.87 t，单位面积持水量 0.4 t/m^2。

表 3-13-6 宁夏六盘山西麓泥炭区块泥炭层涵养水源能力计算

地名	调查面积/m^2	泥炭层平均厚度/m	孔隙率/%	持水总量/t	单位面积持水量/(t·m^{-2})
靳家沟	18 147	0.69	57.74	7 229.87	0.40

6. 碳汇功能

靳家沟泥炭地泥炭干容重 1.09 g/cm^3，总有机碳 6.16%，调查面积 18 147 m^2，泥炭资源量 12 521 m^3，碳储量 840.71 t，单位面积碳储量 46.33 kg/m^2。高于中国草地土壤碳密度 12.227 kg/m^2。

表 3-13-7 宁夏六盘山西麓泥炭区块泥炭层碳储量能力分析

地名	干容重/(g·cm^{-3})	总有机碳(烘干)/%	调查面积/m^2	泥炭资源量/m^3	碳储量/t	单位面积储碳/(kg·m^{-2})
靳家沟	1.09	6.16	18 147	12 521	840.71	46.33

十四、民联

民联泥炭地形成于一处山间洼地，湿生植物有蛇莓、车前、书带薹草、长叶火绒草、节节草、假水生龙胆、皱叶酸模、厥麻、黄腺香青；沼生植物有箭叶橐吾；其他类生植物有野艾蒿、蓍、刺儿菜、丁香树、地榆、沙棘、卷耳、芨芨草、鸡冠棱子芹、羽裂凤毛菊、密毛白莲蒿、山野豌豆、草木樨、皱叶委陵菜、李树、葵花、猪毛蒿等。本地具有区域代表性的植物是蛇莓、假水生龙胆、黄腺香青、蓍、地榆、皱叶委陵菜等。

图 3-14-1　民联泥炭地地貌

图 3-14-2 民联Ⅱ泥炭地地貌

图 3-14-3 湿生、沼生植被发育情况

（一）泥炭地沉积调查

民联泥炭地共分为 2 个区块，泥炭地调查面积共计 21 888 m^2。

表 3-14-1 泥炭沉积特征表

区块		泥炭地面积/m^2	主要泥炭层数	钻孔数/个	厚度			资源量/m^3
					第一层	第二层	第三层	
民联	Ⅰ	13 955	1	10	0~2.70 0.53	—	—	7 326
	Ⅱ	7 933	1	2	0.55~0.85 0.70	—	—	3 372

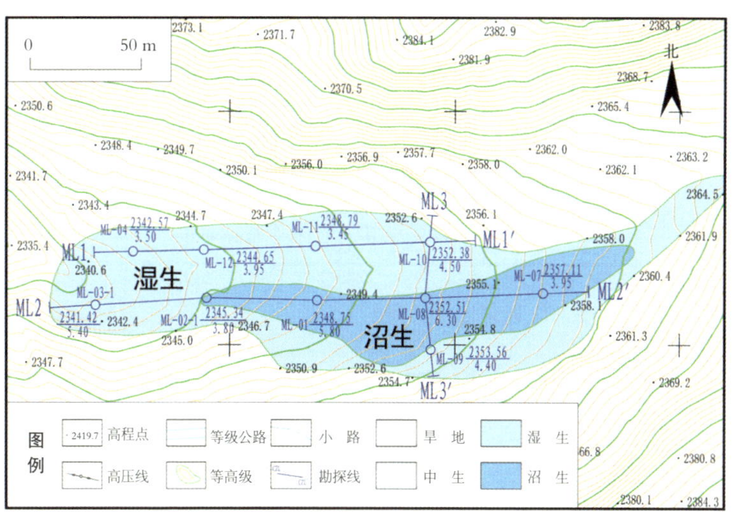

图 3-14-4 民联Ⅰ泥炭地平面分布图

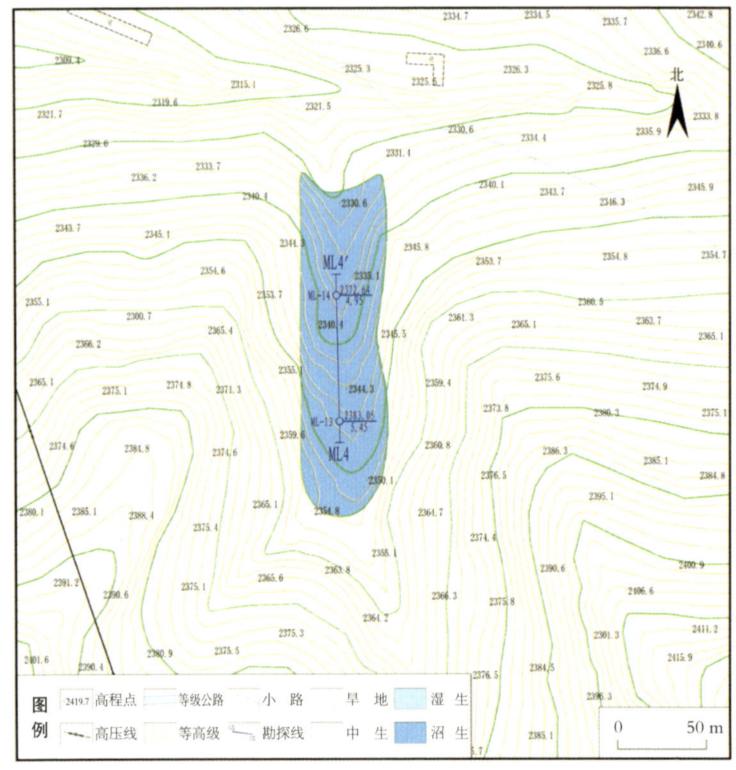

图 3-14-5　民联Ⅱ泥炭地平面分布图

1. 区块Ⅰ

泥炭地调查面积 13 955 m²，施工钻孔有 10 个，见泥炭层有 2 层，地层编号为 3、5−1 号，3 号泥炭层层位较稳定（图 3−14−6）。

3 号泥炭层大部分布，厚度 0~2.70 m，平均 0.53 m，厚度大于 0.50 m 的钻孔有 4 个。中部厚、四周薄（图 3−14−7），埋深 0.35~2.15 m。

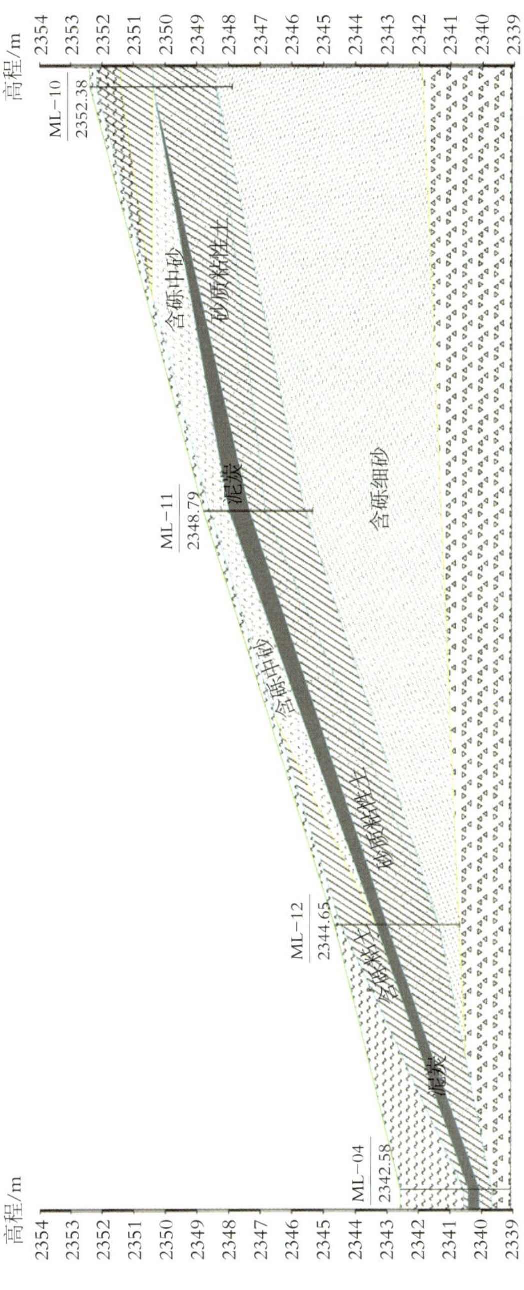

图 3−14−6 民联 2−2' 勘探线剖面图

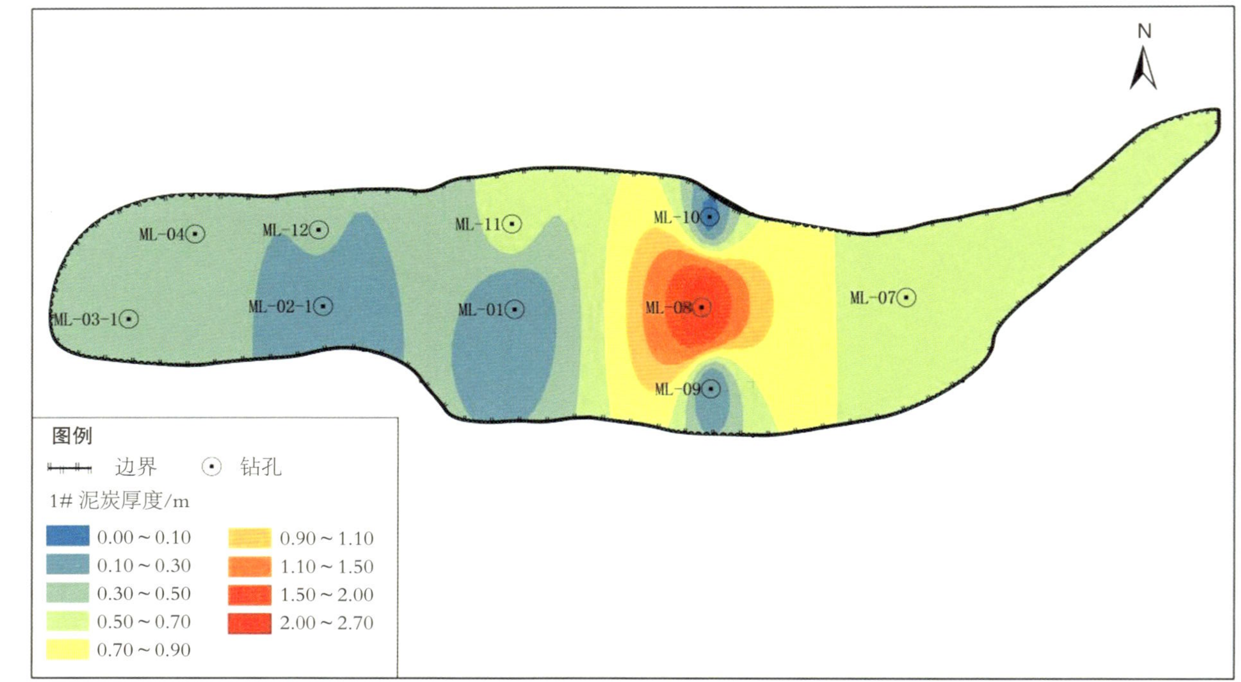

图 3-14-7 民联 3 号泥炭层等值线图

最下部泥炭层在 ML−08 钻孔4.45~4.75 m 深度处，地层编号为 5−1 号。根据 ^{14}C 年代测试结果，该泥炭层形成始于 1 300±30 yr BP。

2. 区块Ⅱ

泥炭地调查面积 7 933 m²，施工钻孔有 2 个，见泥炭层有 3 层，地层编号为 3、5、7 号。3 号泥炭层全区分布，5、7 号泥炭层在 ML−13 钻孔缺失（图3−14−8）。

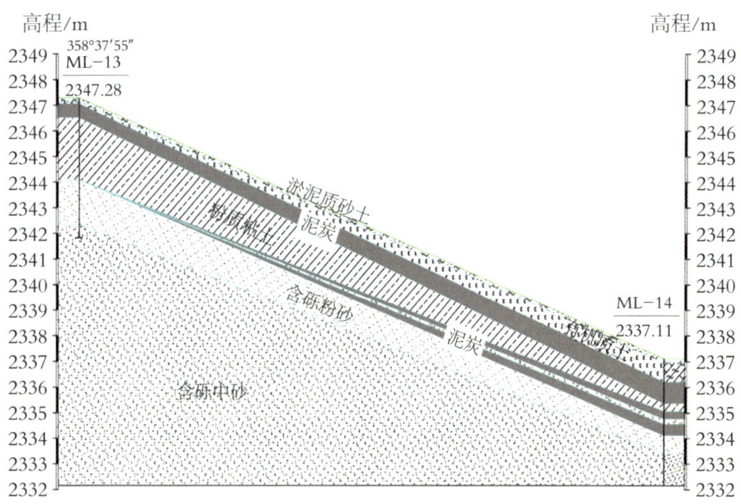

图 3−14−8　民联 4−4’勘探线剖面图

3 号厚度 0.55~0.85 m，平均 0.70 m。北部厚、南部薄，厚度均大于 0.50 m，埋深 0.22~0.90 m。

最下部泥炭层在 ML−14 钻孔 2.55~3.00 m 深度处，地层编号为 7 号。

民联泥炭地区块Ⅰ的3号泥炭层颜色呈棕黄色，质轻，结构呈纤维状。该层泥炭的自然含水量42.4%，吸湿水6.30%，干容重1.22 g/cm^3，纤维含量22.70%，真密度2.25。水浸pH 7.44，盐浸pH 7.29，酸碱度呈微碱性反应。粗灰分含量占77.49%，占比较高。有机质含量较高，为21.09%。腐殖酸含量相对较低，为0.46%。泥炭干燥基高位发热量（$Q_{gr,d}$）为4.23 MJ/kg，干燥基低位发热量（$Q_{net,d}$）为4.01 MJ/kg。全硫含量1.07%，全氮含量0.77%，全磷含量0.051%，全钾含量1.03%。

民联泥炭地区块Ⅱ的3号泥炭层颜色呈棕黄色，质轻，无光泽，结构呈纤维状。该层泥炭的自然含水量34.8%，吸湿水4.10%，干容重1.31 g/cm^3，纤维含量15.00%，真密度2.56。水浸pH 7.88，盐浸pH 7.34，酸碱度呈微碱性反应。粗灰分含量占90.71%，占比高。有机质含量低，为8.91%。腐殖酸含量相对较低，为0.49%。泥炭干燥基高位发热量（$Q_{gr,d}$）为1.60 MJ/kg，干燥基低位发热量（$Q_{net,d}$）为1.49 MJ/kg。全硫含量0.08%，全氮含量0.35%，全磷含量0.034%，全钾含量1.49%。

民联泥炭地区块Ⅰ与区块Ⅱ不相连。区块Ⅰ除了全钾指标较低以外，泥炭各项质量指标明显优于区块Ⅱ，且从各孔样品外观判断，与测试样品差异较小，性质稳定。

表 3-14-2　民联泥炭物理化学性质

钻孔号		ML-08	ML-14
钻孔所属区块		区块Ⅰ	区块Ⅱ
泥炭层编号		3	3
取样深度/m		3.20~3.30	1.10~1.20
颜色		棕黄	棕黄
自然含水量/%		42.4	34.8
吸湿水/%		6.30	4.10
干容重/($g \cdot cm^{-3}$)		1.22	1.31
纤维含量/%		22.70	15.00
真密度		2.25	2.56
pH	水浸	7.44	7.88
	盐浸	7.29	7.34
粗灰分/%		77.49	90.71
有机质/%		21.09	8.91
腐殖酸/%		0.46	0.49
发热量/($MJ \cdot kg^{-1}$)	$Q_{b,ad}$	4.07	1.54
	$Q_{gr,d}$	4.23	1.60
	$Q_{net,d}$	4.01	1.49
全硫/%		1.07	0.08
全氮/%		0.77	0.35
全磷/%		0.051	0.034
全钾/%		1.03	1.49

（一）泥炭地现状评价

1. 区块Ⅰ

（1）泥炭化扰动指数

民联Ⅰ泥炭地总面积 13 954 m²。泥炭化层缺失面积 0 m²；泥沙掩埋面积 0 m²。综合计算湿地植被指数 100（表 3-14-3）。

表 3-14-3　民联Ⅰ泥炭化扰动指数计算表

项目	泥炭化层缺失	泥沙掩埋	人类活动			扰动化指数
权重	0.6	0.1	0.3			
扰动类型			开沟排水	放牧	开采活动	
分权重			0.5	0.3	0.2	
民联Ⅰ	0.00	0.00	0.00	0.00	0.00	100.00

（2）湿地植被指数

沼生植物群落 3 840 m²，占比 28%；湿生植物群落 10 114 m²，占比 72%。综合计算湿地植被指数 75.84。

表 3-14-4　民联Ⅰ湿地植被指数计算表

植被类型	水生植物群落	沼生植物群落	湿生植物群落	中生植物群落	旱生植物群落	湿地植被指数
类型权重	0.3	0.3	0.2	0.1	0.1	
民联Ⅰ	0.00	3 840	10 114	0.00	0.00	75.84

（3）水文情势指数

排水去路指标，矿体表层和边缘无侵蚀面积 13 954 m²，

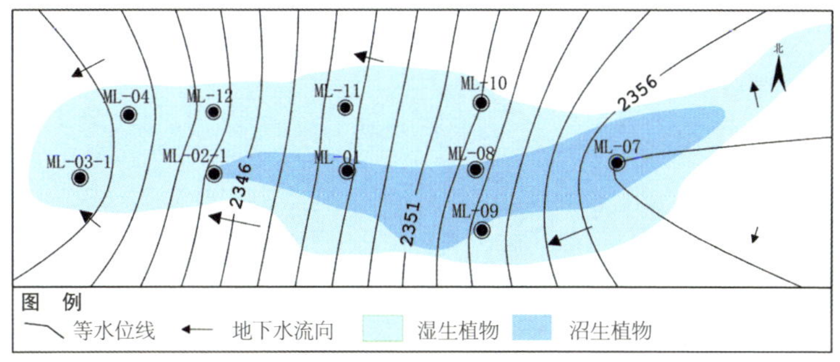

图 3-14-9　民联Ⅰ泥炭地地下水流场图

占比 100%。淹水历时指标，夏季 3 个月以上淹水面积 1 395 m²，占比 10%；夏季 1 个月以上淹水面积 2 511 m²，占比 18%；夏季不淹水面积 10 047 m²，占比 72%。水位深度指标，丰水期地表积水大于 2 cm 面积 697 m²，占比 5%；丰水期地表积水0~2 cm 面积 3 209 m²，占比 23%；丰水期地表无积水面积

表 3-14-5　民联Ⅰ水文情势指数计算表

项目	排水去路			淹水历时			水位深度			水文情势指数
权重	0.4			0.3			0.3			
结构类型	矿体表层和边缘无侵蚀面积(D1)	切沟深与长度均达面积一半(D2)	切沟深达基底，纵贯矿床面积(D3)	夏季3个月以上淹水面积(P1)	夏季1个月以上淹水面积(P2)	夏季不淹水面积(P3)	地表积水大于2 cm面积(S1)	地表积水0~2 cm面积(S2)	无地表积水面积(S3)	
分权重	0.6	0.3	0.1	0.6	0.3	0.1	0.6	0.3	0.1	
民联 1	13 954	0.00	0.00	1 395	2 511	10 047	697	3 209	10 047	57.85

10 047 m²，占比 72%。综合计算水文情势指数57.85。

2. 区块Ⅱ

（1）泥炭化扰动指数

民联Ⅱ泥炭地总面积 7 933 m²。泥炭化层缺失面积 0 m²；泥沙掩埋面积 0 m²。综合计算湿地植被指数 100（表 3-14-6）。

表 3-14-6　民联Ⅱ泥炭化扰动指数计算表

项目	泥炭化层缺失	泥沙掩埋	人类活动			扰动化指数
权重	0.6	0.1	0.3			
扰动类型			开沟排水	放牧	开采活动	
分权重			0.5	0.3	0.2	
民联Ⅱ	0.00	0.00	0.00	0.00	0.00	100.00

（2）湿地植被指数

沼生植物群落 7 933 m²，占比 100%。综合计算湿地植被指数 100。

表 3-14-7　民联Ⅱ湿地植被指数计算表

植被类型	水生植物群落	沼生植物群落	湿生植物群落	中生植物群落	旱生植物群落	湿地植被指数
类型权重	0.3	0.3	0.2	0.1	0.1	
民联Ⅱ	0.00	7 933.43	0.00	0.00	0.00	100.00

（3）水文情势指数

排水去路指标，矿体表层和边缘无侵蚀面积 7 933 m²，占比 100%。淹水历时指标，夏季 3 个月以上淹水面积 5 553 m²，占比 70%；夏季 1 个月以上淹水面积 2 380 m²，占比 30%。水位深度指标，丰水期地表积水大于 2 cm 面积 3 173 m²，占比 40%；丰水期地表积水 0~2 cm 面积 4 760 m²，占比 60%。综合计算水文情势指数 86.5。

表 3-14-8　民联Ⅱ水文情势指数计算表

项目	排水去路			淹水历时			水位深度			水文情势指数
权重	0.4			0.3			0.3			
结构类型	矿体表层和边缘无侵蚀面积(D1)	切沟深与长度均达面积一半(D2)	切沟深达基底，纵贯矿床面积(D3)	夏季3个月以上淹水面积(P1)	夏季1个月以上淹水面积(P2)	夏季不淹水面积(P3)	地表积水大于2 cm面积(S1)	地表积水0~2 cm面积(S2)	无地表积水面积(S3)	
分权重	0.6	0.3	0.1	0.6	0.3	0.1	0.6	0.3	0.1	
民联Ⅱ	7 933	0.00	0.00	5 553	2 380	0.00	3 173	4 760	0.00	86.50

（4）泥炭地现状评价

民联泥炭地泥炭化扰动指数 100，湿地植被覆盖指数 75.84，湿地水文指数 57.85，泥炭地现状指数计算结果 75.28，综合评价为健康泥炭地。

区块Ⅱ泥炭化扰动指数 100，湿地植被覆盖指数 100，湿地水文指数 86.5，泥炭地现状指数计算结果 95.95，综合评价为健康泥炭地。

表 3-14-9　泥炭地现状评价指数计算表

地名	泥炭化扰动指数 D	湿地植被覆盖指数 V	湿地水文指数 W	泥炭地现状指数 PSI	现状评价
权重	0.2	0.5	0.3		
民联	100.00	75.84	57.85	75.28	健康泥炭地
民联Ⅱ	100.00	100.00	86.50	95.95	轻度退化泥炭地

（5）水源涵养能力

民联泥炭地调查面积 21 888 m^2，泥炭层平均厚度 0.81 m，孔隙率 46.52%，持水总量 8 247.66 t，单位面积持水量 0.38 t/m^2。

表 3-14-10　宁夏六盘山西麓泥炭区块泥炭层涵养水源能力计算

地名	调查面积/m^2	泥炭层平均厚度/m	孔隙率/%	持水总量/t	单位面积持水量/($t \cdot m^{-2}$)
民联	21 888	0.81	46.52	8 247.66	0.38

（6）碳汇功能

民联Ⅰ泥炭地泥炭干容重 1.27 g/cm^3，总有机碳 6.56%，调查面积 21 888 m^2，泥炭资源量 15 920 m^3，碳储量 1 326.33 t，单位面积碳储量 60.6 kg/m^2，高于中国草地土壤碳密度 12.227 kg/m^2。

表 3-14-11　宁夏六盘山西麓泥炭区块泥炭层碳储量能力分析

<table>
<tr><th>地名</th><th>干容重/(g·cm⁻³)</th><th>总有机碳（烘干）/%</th><th>调查面积/m²</th><th>泥炭资源量/m³</th><th>碳储量/t</th><th>单位面积储碳/(kg·m⁻²)</th></tr>
<tr><td>民联Ⅰ</td><td rowspan="2">1.27</td><td rowspan="2">6.56</td><td rowspan="2">21 888</td><td rowspan="2">15 920</td><td rowspan="2">1 326.33</td><td rowspan="2">60.60</td></tr>
<tr><td>民联Ⅱ</td></tr>
</table>

十五、山河

山河泥炭地形成于一处山间洼地，发育植被有 18 种，湿生植物有魁蓟、皱叶酸模、书带薹草、厥麻、驴蹄草、薄荷、广布小红门兰；沼生植物有箭叶橐吾；其他类生植物有白莲蒿、苜蓿、无毛牛尾蒿、刺儿菜、野艾蒿等。本地具有区域代表性的植物是魁蓟、驴蹄草、广布小红门兰、箭叶橐吾、白莲蒿等。

图 3-15-1　山河泥炭地地貌

（一）泥炭地沉积调查

泥炭地调查面积 42 899 m²，施工钻孔有 10 个，见泥炭层有 2 层，地层编号为 3、5 号，3 号泥炭层层位稳定（图 3-15-3），中部有一条南北向冲沟将该区块切割。

表 3-15-1　泥炭沉积特征表

区块	泥炭地面积/m²	主要泥炭层数	钻孔数/个	厚度			资源量/m³
				第一层	第二层	第三层	
山河	42 899	1	10	0~1.00 0.28	—	—	12 011

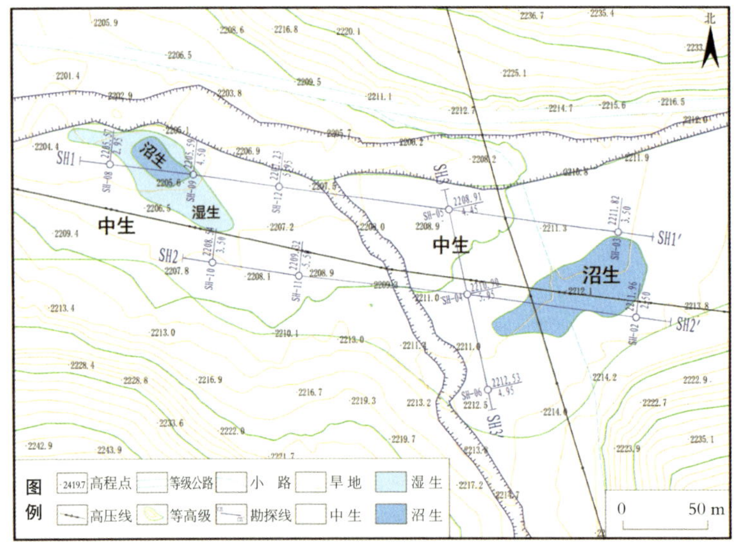

图 3-15-2　山河泥炭地平面分布图

3 号泥炭层全区大部分布，厚度 0~1.00 m，平均 0.28 m，厚度大于 0.50 m 的钻孔有 2 个。中间厚、两边薄（图 3-15-4），埋深 0.20~2.85 m。根据 ^{14}C 年代测试结果，该泥炭层形成

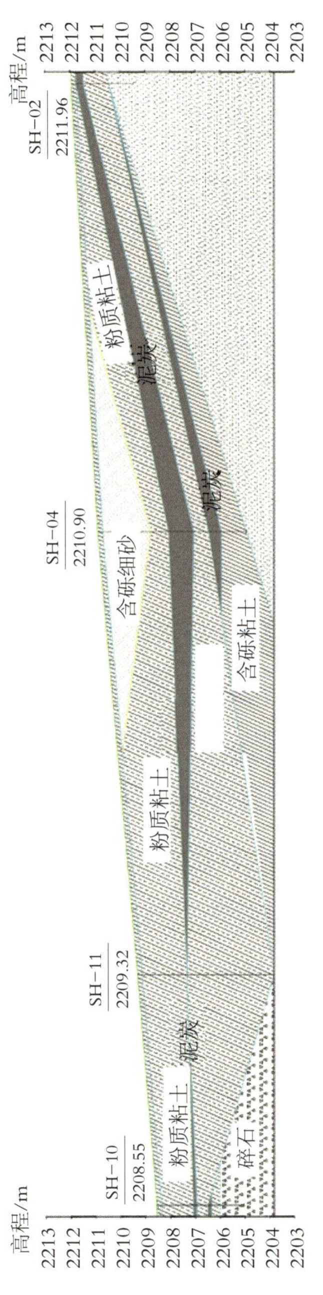

图 3-15-3 山河 2-2' 勘探线剖面图

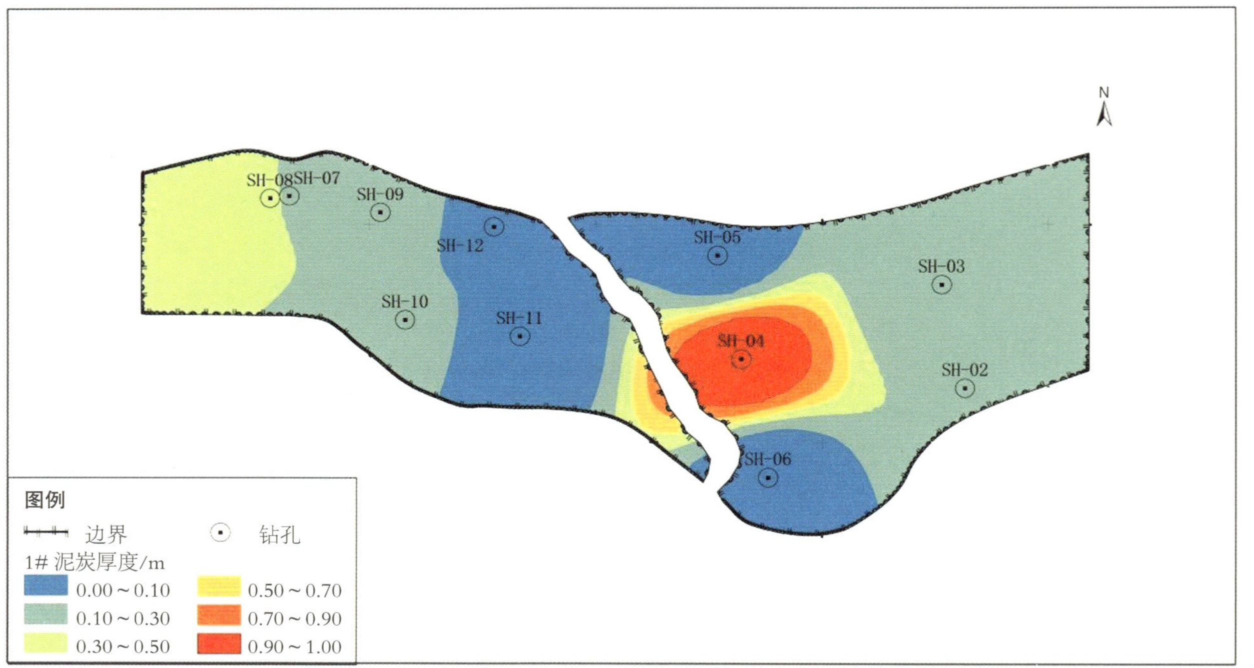

图 3-15-4　山河 3 号泥炭层厚度等值线图

始于 970±30 yr BP。

5 号泥炭层局部分布，厚度 0~0.50 m，平均 0.11 m，厚度大于 0.50 m 的钻孔有 1 个。该层主要赋存于中部（图 3-15-5），埋深 1.80~4.45 m。根据 ^{14}C 年代测试结果，该泥炭层形成始于 2 800±30 yr BP。

山河泥炭地 SH-04 孔 3 号泥炭层颜色呈褐色，质轻，无光泽，结构呈纤维状。该层泥炭的自然含水量 49.8%，吸湿水 8.70%，干容重 0.93 g/cm^3，纤维含量 23.50%，真密度 2.01。水浸 pH 7.35，盐浸 pH 6.97，酸碱度呈微碱性反应。粗灰分含量占 71.00%，占比较高。有机质含量较高，为 26.48%。腐殖酸含量相对较低，为 0.85%。泥炭干燥基高位发热量（$Q_{gr,d}$）为 6.53 MJ/kg，干燥基低位发热量（$Q_{net,d}$）为 6.23 MJ/kg。全硫含量 0.58%，全氮含量 1.20%，全磷含量 0.59%，全钾含量 1.35%。

山河泥炭地 SH-08 孔 3 号泥炭层颜色呈暗褐色，质轻，无光泽，结构呈碎纤维状。该层泥炭的自然含水量 48.2%，吸湿水8.83%，干容重 1.01 g/cm^3，纤维含量 32.23%，真密度 2.14，水浸 pH 6.97，盐浸 pH 6.56，酸碱度呈微酸性反应。粗灰分含量占 69.89%，占比较高。有机质含量较高，为 27.45%。腐殖酸含量相对较低，为 0.36%。泥炭干燥基高位发热量（$Q_{gr,d}$）为 6.81 MJ/kg，干燥基低位发热量（$Q_{net,d}$）为 6.49 MJ/kg。全硫含量 0.48%，全氮含量 1.34%，全磷含量

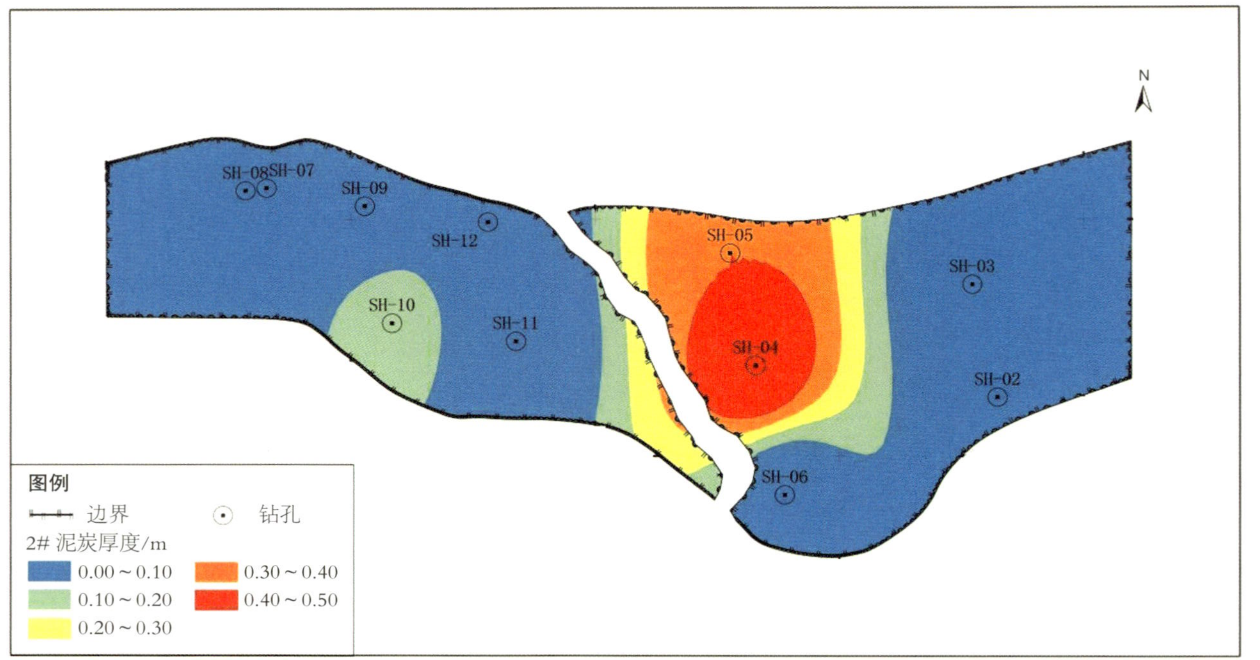

图 3-15-5 山河 5 号泥炭层厚度等值线图

0.70%，全钾含量 1.24%。

山河泥炭地 5 号泥炭层颜色呈灰色，质轻，无光泽，结构呈纤维状。该层泥炭的自然含水量 19.7%，吸湿水 7.06%，干容重 1.20 g/cm^3，纤维含量 13.49%，真密度 2.69，水浸 pH 7.72，盐浸 pH 7.51，酸碱度呈微碱性反应。粗灰分含量占 91.92%，占比较高。有机质含量低，为 7.51%。腐殖酸含量相对较低，为 0.88%。泥炭干燥基高位发热量（$Q_{gr,d}$）为 0.98 MJ/kg，干燥基低位发热量（$Q_{net,d}$）为 0.89 MJ/kg。全硫含量 2.44%，全氮含量 0.32%，全磷含量 0.052%，全钾含量 1.37%（见表 3–15–2）。

表 3–15–2 山河泥炭物理化学性质

钻孔号		SH–04	SH–08	SH–04
钻孔位置		山河泥炭地东部	山河泥炭地西部	山河泥炭地东部
泥炭层编号		3	3	5
取样深度/m		3.05~3.15	1.00~1.15	4.61~4.71
颜色		褐色	暗褐	灰色
自然含水量/%		49.8	48.2	19.7
吸湿水/%		8.70	8.83	7.06
干容重/(g·cm^{-3})		0.93	1.01	1.20
纤维含量/%		23.50	32.23	13.49
真密度		2.01	2.14	2.69
pH	水浸	7.35	6.97	7.72
	盐浸	6.97	6.56	7.51

续表

钻孔号		SH-04	SH-08	SH-04
粗灰分/%		71.00	69.89	91.92
有机质/%		26.48	27.45	7.51
腐殖酸/%		0.85	0.36	0.88
发热量/(MJ·kg^{-1})	$Q_{b,ad}$	6.02	6.27	1.14
	$Q_{gr,d}$	6.53	6.81	0.98
	$Q_{net,d}$	6.23	6.49	0.89
全硫/%		0.58	0.48	2.44
全氮/%		1.20	1.34	0.32
全磷/%		0.059	0.070	0.052
全钾/%		1.35	1.24	1.37

对比SH-04孔、SH-08孔3号泥炭层测试数据可知，该泥炭层自西向东：埋藏深度变深，颜色稍变浅，自然含水量升高，吸湿水含量降低，干容重变小，纤维含量降低，真密度变小，水浸、盐浸pH均变大，其中水浸pH由酸性变为碱性，粗灰分含量升高，有机质含量稍降低，腐殖酸含量升高，发热量降低，全硫含量升高，而全氮、全磷含量降低，全钾含量升高。

对比SH-04孔3号、5号泥炭层测试数据可知，山河泥炭层自上向东下：颜色变浅，自然含水量降低，吸湿水含量降低，干容重变大，纤维含量降低，真密度变大，水浸、盐浸

pH 均变大，其中盐浸酸碱度由酸性变为碱性，粗灰分含量升高，有机质含量降低，腐殖酸含量升高，发热量降低，全硫含量升高，全氮、全磷降低，全钾含量升高。

（二）泥炭地现状评价

1. 泥炭化扰动指数

山河泥炭地总面积 42 899 m^2。泥炭化层缺失主要由植被退化导致，面积 38 180 m^2，占比 89%；泥沙掩埋面积 0 m^2。综合计算湿地植被指数 46.6（表 3–15–3）。

表 3–15–3　山河泥炭化扰动指数计算表

项目	泥炭化层缺失	泥沙掩埋	人类活动			扰动化指数
权重	0.6	0.1	0.3			
扰动类型			开沟排水	放牧	开采活动	
分权重			0.5	0.3	0.2	
山河	38 180	0.00	0.00	0.00	0.00	46.60

2. 湿地植被指数

沼生植物群落 3 200 m^2，占比 7%；湿生植物群落 1 689 m^2，

表 3–15–4　山河湿地植被指数计算表

植被类型	水生植物群落	沼生植物群落	湿生植物群落	中生植物群落	旱生植物群落	湿地植被指数
类型权重	0.3	0.3	0.2	0.1	0.1	
山河	0.00	3 200	1 689	38 009	0.00	39.62

占比 4%；中生植物群落 38 009 m²，占比 89%。综合计算湿地植被指数 39.62。

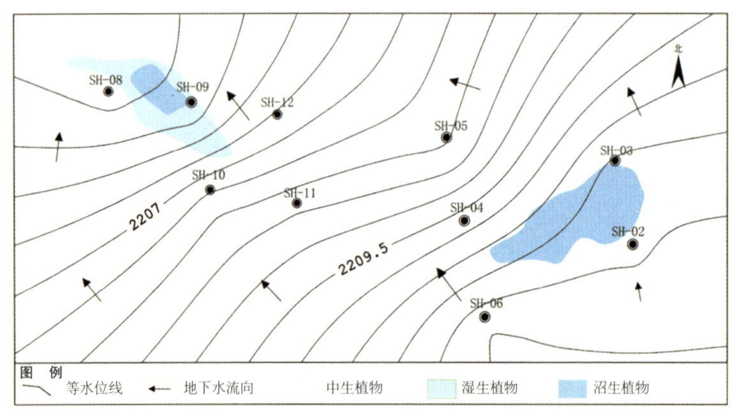

图 3-15-6 山河泥炭地地下水流场图

3. 水文情势指数

山河泥炭地总面积 42 899 m²。排水去路指标，矿体表层和边缘无侵蚀面积 14 319 m²，占比 33%；切沟深达基底纵贯矿床面积集中在中部南北向冲沟及北部边缘冲沟两侧，面积 28 579 m²，占比 66.62%。淹水历时指标，夏季 1 个月以上淹水面积 3 002 m²，占比 7%；夏季不淹水面积 35 606 m²，占比 83%。水位深度指标，丰水期地表积水 0~2 cm 面积 3 002 m²，占比 7%；丰水期地表无积水面积 35 606 m²，占比 83%。综合计算水文情势指数 28.19。

4. 泥炭地现状评价

山河泥炭地泥炭化扰动指数 46.6，湿地植被覆盖指数

表 3-15-5　山河水文情势指数计算表

项目	排水去路			淹水历时			水位深度			水文情势指数
权重	0.4			0.3			0.3			
结构类型	矿体表层和边缘无侵蚀面积(D1)	切沟深与长度均达面积一半(D2)	切沟深达基底，纵贯矿床面积(D3)	夏季3个月以上淹水面积(P1)	夏季1个月以上淹水面积(P2)	夏季不淹水面积(P3)	地表积水大于2 cm面积(S1)	地表积水0~2 cm面积(S2)	无地表积水面积(S3)	
分权重	0.6	0.3	0.1	0.6	0.3	0.1	0.6	0.3	0.1	
山河	14 319	0.00	28 579	0.00	3 002	35 606	0.00	3 002	35 606	28.19

39.62，湿地水文指数 28.19，泥炭地现状指数计算结果 37.59，综合评价为轻度退化泥炭地。

表 3-15-6　泥炭地现状评价指数计算表

地名	泥炭化扰动指数 D	湿地植被覆盖指数 V	湿地水文指数 W	泥炭地现状指数 PSI	现状评价
权重	0.2	0.5	0.3		
山河	46.60	39.62	28.19	37.59	轻度退化泥炭地

5. 水源涵养能力

山河泥炭地调查面积 42 899 m^2，泥炭层平均厚度 0.28 m，孔隙率 54.48%，持水总量 6 543.99 t，单位面积持水量 0.15 t/m^2。

表 3-15-7　宁夏六盘山西麓泥炭区块泥炭层涵养水源能力计算

地名	调查面积/m^2	泥炭层平均厚度/m	孔隙率/%	持水总量/t	单位面积持水量/($t \cdot m^{-2}$)
山河	42 899	0.28	54.48	6 543.99	0.15

6. 碳汇功能

山河泥炭地泥炭干容重 1.05 g/cm^3，总有机碳 11.14%，调查面积 42 899 m^2，泥炭资源量 12 098 m^3，碳储量 1 415.1 t，单位面积碳储量 32.99 kg/m^2，高于中国草地土壤碳密度 12.227 kg/m^2。

表 3-15-8　宁夏六盘山西麓泥炭区块泥炭层碳储量能力分析

地名	干容重/($g \cdot cm^{-3}$)	总有机碳（烘干）/%	调查面积/m^2	泥炭资源量/m^3	碳储量/t	单位面积储碳/($kg \cdot m^{-2}$)
山河	1.05	11.14	42 899	12 098	1 415.10	32.99

第四章　泥炭地保护方向建议

在参与评价的18处六盘山西麓泥炭地中，莲花沟北、中、南处于同一个地貌单元，故现状指数统一计算，清凉3处泥炭及民联的2处泥炭地地处于不同地貌单元，分别计算了其现状指数。根据计算结果对泥炭地进行评价，健康泥炭地有靳家沟、民联Ⅰ、民联Ⅱ、台子沟4处；亚健康泥炭地有田堡、毛庄、莲花沟、伏羲崖、槽子梁、姚套、青稞湾、清凉Ⅰ、清凉Ⅲ共9处；轻度退化泥炭地有裴家后沟、清凉Ⅱ、陈靳、陈靳南、山河5处。

根据评价结果及泥炭地实际调查情况，健康泥炭地有4处，全部地段泥炭形成层较为完整，泥炭持续积累、湿地植被繁茂健康地水文情势稳定，湿地功能效益价值大，具有较好的水源涵养功能。但仍有放牧等人为威胁存在，这类泥炭地的利用方向是实施严格保护，杜绝任何人为干扰及环境破坏。

亚健康泥炭地9处，泥炭地湿地植被组成略有改变，少部分植被转变为中生；湿地水文情势基本稳定；泥炭地仅有边缘

表 4-1-1　泥炭地现状评价表

序号	地名	泥炭地现状指数 PSI	现状评价
1	田堡	74.95	亚健康泥炭地
2	毛庄	74.62	亚健康泥炭地
3	莲花沟	72.73	亚健康泥炭地
4	伏羲崖	61.40	亚健康泥炭地
5	槽子梁	60.68	亚健康泥炭地
6	裴家后沟	54.29	轻度退化泥炭地
7	姚套	74.61	亚健康泥炭地
8	青稞湾	57.71	亚健康泥炭地
9	台子沟	84.28	健康泥炭地
10	清凉Ⅰ	67.49	亚健康泥炭地
11	清凉Ⅱ	45.05	轻度退化泥炭地
12	清凉Ⅲ	73.09	亚健康泥炭地
13	陈靳	47.53	轻度退化泥炭地
14	陈靳南	52.54	轻度退化泥炭地
15	靳家沟	77.39	健康泥炭地
16	民联	75.28	健康泥炭地
17	民联Ⅱ	95.95	健康泥炭地
18	山河	37.59	轻度退化泥炭地

地段泥炭形成层缺失，存在人为疏干排水、边缘开荒复垦等限制泥炭地发育扩展的不利因素。这类泥炭地应该针对限制泥炭地发育开展的不利因素采取有效措施进行修复，或排除人为干

图 4-1-1　莲花沟饮用水源地标志

图 4-1-2　靳家沟泥炭地放牧痕迹

图 4-1-3　清凉泥炭地开沟疏干

图 4-1-4　田堡泥炭地边缘开荒复垦

扰使其自然恢复。如槽子梁泥炭地，早期人为开采造成的破坏区域现已自然恢复，具备一定的湿地功能，待其恢复到自然状态，进入保护序列。

图 4-1-5　莲花沟泥炭地开荒复垦

轻度退化泥炭地 5 处，此类泥炭地大面积泥炭形成层缺失，如山河泥炭地，缺失面积达 80%以上，仅在东西两端保留少部分具有湿地功能的区域，大面积湿地植被转变为中生、旱生。由于大型冲沟的形成及人为干扰，湿地水文情势劣化，泥炭地趋于退化。这类泥炭地必须坚决采取措施对导致泥炭地退化的各种自然和人为干扰因素进行干预，重建泥炭地的湿地水文条件和泥炭沉积条件，确保泥炭地能够重回自然状态。